NOUVEAU COURS

DE

TRIGONOMÉTRIE

RÉDIGÉ D'APRÈS LE PROGRAMME OFFICIEL

A l'usage des Lycées, des Collèges, des Institutions
et des Aspirants au Baccalauréat ès Sciences

CONTENANT UN GRAND NOMBRE D'EXERCICES RÉSOLUS ET A RÉSOUDRE

PAR M. PH. ANDRÉ

SEPTIÈME ÉDITION

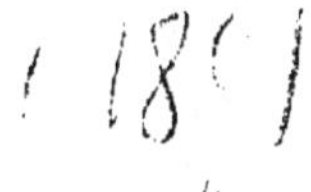

PARIS

LIBRAIRIE CLASSIQUE DE ANDRÉ-GUÉDON, ÉDITEUR

15, RUE SÉGUIER, 15

NOUVEAU COURS

DE

TRIGONOMÉTRIE

NOUVEAU COURS

DE

TRIGONOMÉTRIE

RÉDIGÉ D'APRÈS LE PROGRAMME OFFICIEL

A l'usage des Lycées, des Colléges, des Institutions
et des Aspirants au Baccalauréat ès Sciences

CONTENANT UN GRAND NOMBRE D'EXERCICES RÉSOLUS ET A RÉSOUDRE

PAR M. PH. ANDRÉ

———

SEPTIÈME ÉDITION

PARIS

LIBRAIRIE CLASSIQUE DE ANDRÉ-GUÉDON, ÉDITEUR

15, RUE SÉGUIER, 15

———

NOUVEAU COURS

de

TRIGONOMÉTRIE

NOTIONS PRÉLIMINAIRES

1 Un triangle se compose de six éléments : trois angles et trois côtés. On a vu en géométrie comment on peut construire un triangle avec trois éléments, pourvu qu'il y ait au moins une longueur parmi les données.

Cette méthode rigoureuse en théorie ne l'est pas toujours en pratique, et les constructions graphiques ne permettent pas de déterminer le degré d'approximation des résultats obtenus. La trigonométrie vient parer à ces inconvénients.

2 *La trigonométrie est une science qui enseigne à substituer le calcul numérique aux procédés que l'on emploie en géométrie pour résoudre les triangles.*

3 Résoudre un triangle c'est en déterminer les parties inconnues à l'aide de celles qui sont connues.

4 Afin de pouvoir remplacer les constructions graphiques par le calcul, on devra d'abord exprimer en nombres les données de la question; c'est pourquoi on rapportera les longueurs des lignes à une certaine droite choisie pour unité. Dès lors on atteindra dans la résolution des triangles l'exactitude que l'on désirera, puisque toujours on est libre de pousser le calcul au degré de précision que l'on veut.

5 Remarque I. N'oublions pas qu'un angle a pour mesure l'arc de cercle compris entre ses côtés et décrit de son sommet comme centre, avec un rayon arbitraire. D'ailleurs la mesure d'un arc étant celle de l'angle correspondant, on peut employer le mot *arc* pour celui *d'angle* ; c'est ce qui arrive souvent en trigonométrie.

6 Remarque II. Deux angles ou deux arcs sont dits *complémentaires* ou compléments l'un de l'autre lorsque leur somme égale 90°. Ils sont *supplémentaires* ou suppléments l'un de l'autre, si leur somme égale 180°. Le complément d'un arc a est 90°—a, et son supplément est 180°—a.

FONCTIONS CIRCULAIRES OU LIGNES TRIGONOMÉTRIQUES

7 La difficulté d'établir les relations qui existent entre les côtés d'un triangle et les arcs qui mesurent ses angles, a conduit les géomètres à remplacer les arcs par des lignes dont la longueur dépend de la grandeur des arcs, de sorte que les arcs étant donnés ces droites le sont aussi et réciproquement Ces fonctions des arcs (*) sont désignées sous le nom de *fonctions circulaires* ou *lignes trigonométriquss*. Elles sont au nombre de six : le *sinus*, la *tangente*, la *sécante*, le *cosinus*, la *cotangente* et la *cosécante*.

Sinus. Le sinus (**) d'un arc **AM** est la perpendiculaire **MP**

(*) On sait que deux quantités sont dites *fonctions* l'une de l'autre, lorsque la variation de l'une entraîne la variation de l'autre.

(**) Les cordes se nomment en latin *linæ inscriptæ* ou seulement *inscriptæ*. C'est pour ce motif qu'on appela d'abord les sinus *semisses inscriptæ* (demi-inscrites) ; pour abréger, on écrivit *s. ins.* et enfin *sinus*.

abaissée d'une extrémité de cet arc sur le diamètre passant par l'autre extrémité.

Tangente. La tangente (*) d'un arc AM est la perpendiculaire

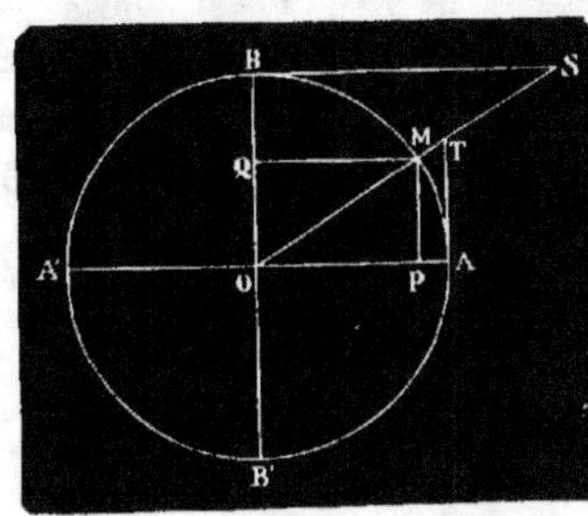
Fig. 1

AT menée d'une extrémité A de l'arc AM jusqu'à la rencontre du diamètre prolongé passant par l'autre extrémité M.

Sécante. La sécante (**) d'un arc AM est la droite OT qui va du centre à l'extrémité de sa tangente.

L'arc BM est le complément de l'arc AM.

Cosinus. Le cosinus (***) d'un arc est le sinus de son complément. Le cosinus de l'arc AM est MQ ; mais comme MQ=OP, on dit que *le cosinus d'un arc est égal à la partie OP du rayon comprise entre le centre du cercle et le pied du sinus.*

Cotangente. La cotangente d'un arc est la tangente de son complément. La cotangente de l'arc AM est BS.

Cosécante. La cosécante d'un arc est la sécante de son complément. La cosécante de l'arc AM est OS (****).

En faisant l'arc AM=a et l'arc BM=b et en se servant des abréviations usitées (*sin* au lieu de *sinus*, etc.), tout ce qui vient d'être dit peut se résumer dans le tableau suivant :

$$\text{Sin } a = \text{MP} = \text{OQ} = \cos b \; ; \qquad \sin b = \text{MQ} = \text{OP} = \cos a \; ;$$
$$\text{Tg } a = \text{AT} = \cot b \; ; \qquad \text{tg } b = \text{BS} = \cot a \; ;$$
$$\text{Séc } a = \text{OT} = \text{coséc } b \; ; \qquad \text{séc } b = \text{OS} = \text{coséc } a.$$

(*) Du latin *tangere*, toucher.

(**) Du latin *secare*, couper.

(***) *Cosinus* : la particule *co* vient du latin *cum*, avec.

(****) Voici deux autres lignes dont on ne fait pas usage dans la résolution des triangles.

On appelle *sinus verse* d'un arc AM la distance AP comprise entre l'extrémité de l'arc et le pied du sinus.

Le *cosinus verse* est le sinus verse de l'arc complémentaire.

8. On définit autrement les fonctions circulaires.

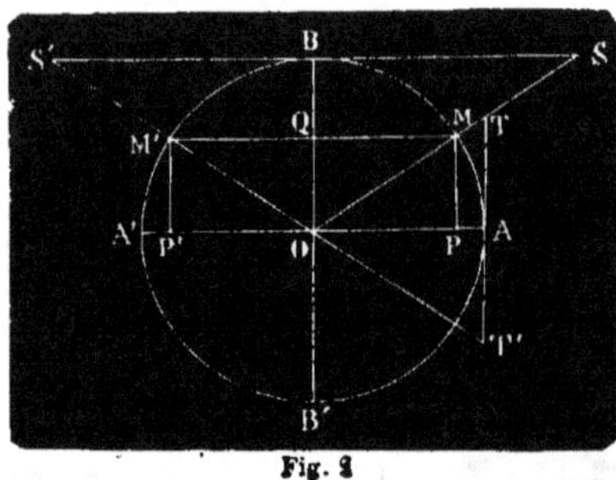

Fig. 2

Sinus. Considérons un arc quelconque AM $= a$, et du point M abaissons sur le diamètre AA′ la perpendiculaire MP. Le sinus de l'arc AM est *le rapport* de la perpendiculaire MP au rayon :

$$sin\ a = \frac{MP}{R},$$

ou, *la mesure* de la ligne MP , si l'on fait R $= 1$. *Le sinus est donc un rapport, un nombre abstrait et non une ligne.* Il en est de même des autres fonctions.

Tangente. Par l'extrémité A de l'arc, menons une tangente et prolongeons-la jusqu'à sa rencontre en T avec le rayon prolongé passant par l'autre extrémité de l'arc. La tangente de l'arc AM est *le rapport* de la ligne AT au rayon :

$$tg\ a = \frac{AT}{R},$$

ou, *la mesure* de la ligne AT, si l'on fait R $= 1$.

Sécante. La sécante de l'arc AM est *le rapport* de la ligne OT au rayon :

$$séc\ a = \frac{OT}{R},$$

ou, *la mesure* de la ligne OT, si l'on fait R $= 1$.

Cosinus. D'après ce qui précède, le cosinus de l'arc AM est *le rapport* de la ligne OP au rayon :

$$cos\ a = \frac{OP}{R}$$

ou, *la mesure* de OP, si l'on fait R $= 1$.

Cotangente. La cotangente est *le rapport* de la ligne BS au rayon :

$$cot\ a = \frac{BS}{R},$$

ou, *la mesure* de BS, si l'on fait R=1.

Cosécante. La cosécante est *le rapport* de la ligne OS au rayon :

$$\text{coséc } a = \frac{OS}{R},$$

ou, *la mesure* de Os, si l'on fait R=1.

9. Remarque. Le rayon étant l'unité, la circonférence égale 2 π, la demi-circonférence, π, et 1/4 de la circonférence, ou le quadrant, $\frac{\pi}{2}$ Par suite, on représente le complément d'un angle *a* par $\frac{\pi}{2}$—*a*, ou 90⁰—*a*, et son supplément par π—*a*, ou 180⁰—*a*.

SIGNES DES LIGNES TRIGONOMÉTRIQUES

10. Un point déterminé étant sur une ligne quelconque, droite ou courbe, on convient, en général, d'affecter du *même signe* toutes les distances comptées dans le *même sens* à partir de ce point, et de *signes contraires* les distances comptées en *sens opposé*.

11. Cela étant dit, décrivons une circonférence avec l'unité pour rayon et prenons le point A comme origine commune des arcs comptés dans le sens ABA'B' ; enfin menons perpendiculairement les diamètres AA', BB' (fig. 2).

Les sinus et les tangentes au-dessus du diamètre AA' sont considérés comme positifs. Au-dessous de ce même diamètre les sinus et les tangentes doivent donc être négatifs (n⁰ 10). Par conséquent la tangentes AT de l'arc AM est positive et la tangente AT' (*) de l'arc ABM' est négative.

Les sinus MP, M'P' sont l'un et l'autre positifs.

(*) Pour être convaincu que AT' est la tangente de l'arc ABM', il faut se reporter aux définitions du n⁰ 7. Il en est de même pour les autres lignes trigonométriques de l'arc ABM'.

Les cosinus et les cotangentes sont positifs à droite du diamètre BB' et négatifs à gauche ; par conséquent, le cosinus OP et la cotangente BS de l'arc AM sont positifs, tandis que le cosinus OP' (*) et la cotangente BS' sont négatifs.

Les sécantes et les cosécantes sont positives quand elles passent par l'extrémité de l'arc et négatives quand c'est leur prolongement qui y passe, par conséquent la sécante OT de l'arc AM est positive, et la sécante OT' de l'arc ABM' est négative ; la cosécante OS' du même arc ABM' est positive.

12. Il résulte de ces conventions que :

1° Les arcs moindres qu'un quadrant ont toutes leurs lignes trigonométriques positives ;

2° Les arcs compris entre un quadrant et deux ont toutes leurs lignes trigonométriques négatives, à l'exception du sinus et de la cosécante qui sont positifs.

MARCHE DES LIGNES TRIGONOMÉTRIQUES

13. Dans les applications exclusives des formules trigonométriques à la résolution des triangles, il ne s'agit que d'arcs moindres qu'une demi-circonférence, puisque les angles d'un triangle sont chacun plus petits que deux angles droits. Il suffit donc de considérer les variations des lignes trigonométriques dans ces limites.

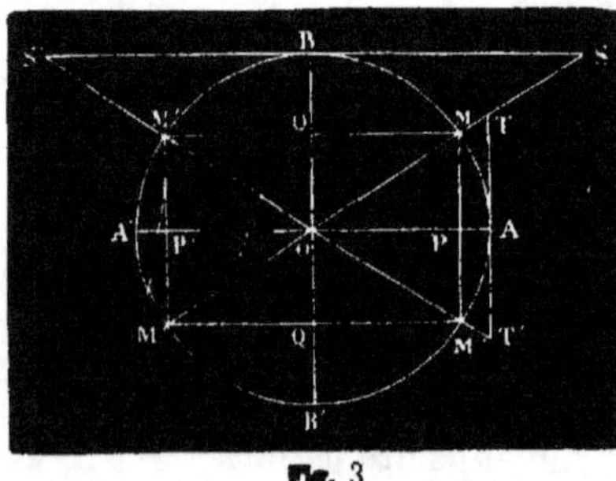
Fig. 3

1° *L'arc augmente de 0° à 90°.* Lorsque le rayon OM (fig. 3) est couché sur OA, l'arc AM est nul, le sinus est nul, la tangente est nulle, et la sécante est égale au rayon. Le cosinus OP est aussi égal au rayon. Quant à la

(*) Puisque deux arcs sont complémentaires lorsque leur somme égale 90° ou $\frac{\pi}{2}$, il est bien évident que le complément d'un arc ayant plus de 90° est un autre arc pris négativement. Le complément de ABM' est donc —BM' et l'on a ABM'—BM'=90° ; il résulte de là que OP' est bien le cosinus de l'arc ABM' BS' la cotangente, et OS' la cosécante.

cotangente et à la cosécante, elles sont infinies, car elles croissent
à mesure que OM se rapproche de OA, et elles peuvent dépasser
toute limite.

Donc pour un arc de $0°$, si l'on fait le rayon égal à 1, on a :

$$Sin\ 0° = 0, \qquad tg\ 0° = 0, \qquad séc\ 0° = 1;$$
$$Cos\ 0° = 1, \qquad cot\ 0° = \infty, \qquad coséc\ 0° = \infty.$$

Si le rayon OM se détache de OA et s'élève vers la position
OB, il est facile de voir que le sinus, la tangente et la sécante
augmentent tandis que le cosinus, la cotangente et la cosécante
diminuent. Lorsque le point M est arrivé en B, le sinus est égal
à OB, la tangente et la sécante sont infinies, le cosinus OP est
nul, la cotangente BS est également nulle et la cosécante OS
devient égale à OB.

Donc pour un arc de $90°$, on a :

$$Sin\ 90° = 1, \qquad tg\ 90° = \infty, \qquad séc\ 90° = \infty;$$
$$Cos\ 90° = 0, \qquad cot\ 90° = 0, \qquad coséc\ 90° = 1.$$

Ces dernières valeurs étaient faciles à prévoir, car les arcs $0°$
et $90°$ étant complémentaires, on doit avoir (n° 7) :

$$Sin\ 90° = cos\ 0°, \qquad tg\ 90° = cot\ 0°, \qquad séc\ 90° = coséc\ 0°,$$
$$Cos\ 90° = sin\ 0°, \qquad cot\ 90° = tg\ 0°, \qquad coséc\ 90° = séc\ 0°.$$

Il résulte de ce qui précède que pour un arc de $0°$ à $90°$, les
lignes trigonométriques varient, pour le sinus, de 0 à 1 ; pour la
tangente, de 0 à ∞ ; pour la sécante, de 1 à ∞ ; pour le cosinus,
de 1 à 0 ; pour la cotangente, de ∞ à 0, et pour la cosécante, de
∞ à 1.

2° *L'angle augmente de* $90°$ à $180°$. Lorsque le rayon OM′ est
couché sur OB, l'arc ABM′ est égal à $90°$; nous venons de déterminer les lignes trigonométriques de cet arc.

Si le rayon OM′ se détache de OB et descend vers la position
OA′, il est facile de voir que le sinus, la tangente, la sécante
diminuent, tandis que le cosinus, la cotangente et la cosécante
augmentent. Ainsi, le sinus, d'abord égal au rayon lorsque le
point M′ est au point B, devient nul lorsque le point M′ se confond

avec A′ : la tangente égale à $+\infty$, lorsque le point M′ est au point B, *saute brusquement* à $-\infty$, lorsque le point M′ se détache du point B (*), et diminue en valeur absolue jusqu'à devenir égale à 0. Il est facile de faire des considérations analogues pour les autres lignes trigonométriques : donc

$$\sin 180° = 0, \qquad tg\ 180° = 0, \qquad séc\ 180° = -1 ;$$
$$\cos 180° = -1, \qquad cot\ 180° = -\infty, \qquad coséc\ 180° = \infty.$$

On conclut, de ce qui précède, que pour un arc de 90° à 180° les lignes trigonométriques varient pour le sinus de 1 à 0, pour la tangente de $-\infty$ à 0, pour la sécante de $-\infty$ à -1 ; pour le cosinus de 0 à -1, pour la cotangente de 0 à $-\infty$, et pour la la cosécante de 1 à ∞.

Remarque. Les lignes trigonométriques pouvant devenir infinies ont deux valeurs qu'il faut toujours prendre avec le double signe $\pm$. Ex. $tg\ 90° = \pm\infty$, car elle est à la fois la limite des $tg+$ des arcs croissants de 0° à 90° et celle des $tg-$ des arcs décroissants de 180° à 90°.

EXERCICES

1. Faites connaître la marche des lignes trigonométriques : 1° quand l'arc varie de π à $\dfrac{3\pi}{2}$; 2° quand il varie de $\dfrac{3\pi}{2}$ à 2π.

NOTA. Dans les exercices qui suivent il est question des arcs de 0° à 2π.

2. A quels arcs correspond un sinus égal à 0 ?
3.　　　　—　　　　un sinus égal à 1 ?
4.　　　　—　　　　un sinus égal à -1 ?
5.　　　　—　　　　une tangente égale à 0 ?
6　　　　—　　　　une tangente égale à ∞ ?
7.　　　　—　　　　une sécante égale à $-\infty$?

NOTA. Des questions analogues peuvent être faites sur les autres lignes trigonométriques.

8. Quels sont les sinus des arcs ayant 0°, 90°, 180°, 270°, 360° ?
9. Quels sont les cosinus des mêmes arcs ?
10. Quels sont les tangentes des mêmes arcs ?

NOTA. On peut faire des questions analogues à propos des autres lignes trigonométriques.

11. Déterminer sur une circonférence donnée un arc ayant pour sinus $\dfrac{2}{3}$.

12.　　　　**Id.**　　　　id.　　　　pour cosinus $\dfrac{3}{4}$.

(*) Nous savons qu'un arc compris entre 90° et 180° a sa tangente négative on voit d'ailleurs que cette tangente sera d'autant plus grande en valeur absolue que le point M′ sera plus rapproché du point B, c'est pourquoi on dit qu'elle saute brusquement de $+\infty$ à $-\infty$.

13. Déterminer sur une circonférence donnée un arc ayant pour tangente $\dfrac{7}{5}$

14.	Id.	id.	pour sécante 1,9;
15.	Id.	id.	pour cosinus —0,7;
16.	Id.	id.	pour cotangente $\dfrac{7}{9}$
17.	Id.	id.	pour sinus —0,8.

18. Que sont les arcs $\dfrac{90^\circ + a}{2}$ et $\dfrac{90^\circ - a}{2}$?

19. Que sont les arcs $90^\circ + a$ et $90^\circ - a$?

14. Théorème. *Deux arcs supplémentaires ont toutes leurs lignes trigonométriques égales, mais de signes contraires, à l'exception de leurs sinus et de leurs cosécantes qui restent positifs pour les deux arcs.*

Donnons la même origine A aux deux arcs, et, pour cela, menons par le point M une parallèle MM′ au diamètre AA′ : les deux arcs AM, A′M′ sont évi-

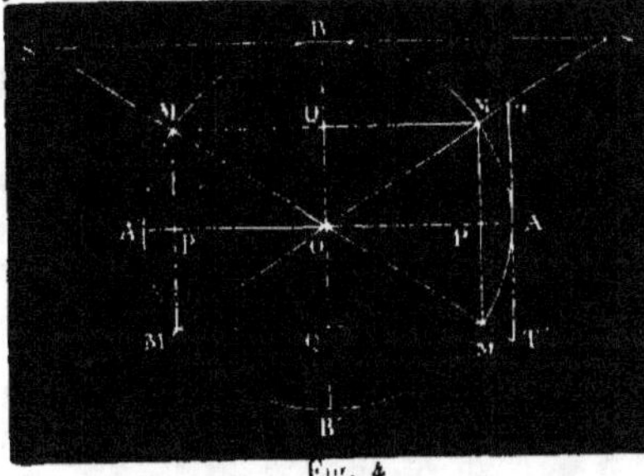

demment égaux et par conséquent l'arc AM est le supplément de l'arc ABM′ aussi bien que l'arc A′M′. Si l'on désigne l'arc AM par a, l'arc ABM′ sera égal à $\pi - a$. Comparons à présent les lignes trigo-

Fig. 4

nométriques de ces arcs. Leurs sinus MP, M′P′ sont évidemment égaux et de mêmes signes; leurs tangentes AT, AT′ sont égales et de signes contraires; leurs sécantes OT, OT′ sont égales et de signes contraires; etc. Ces relations sont exprimées dans les équations ci-dessous :

$$\sin(\pi - a) = \sin a; \quad tg(\pi - a) = -tg\, a; \quad séc(\pi - a) = -séc\, a,$$
$$\cos(\pi - a) = -\cos a; \quad cot(\pi - a) = -cot\, a; \quad coséc(\pi - a) = cosec\, a$$

RELATIONS ENTRE LES LIGNES TRIGONOMÉTRIQUES D'UN MÊME ARC

13. Il existe entre les six lignes trigonométriques d'un même arc cinq relations que nous allons établir.

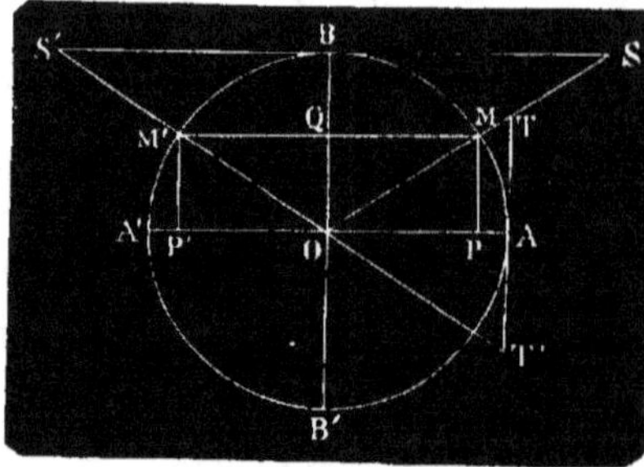

Fig. 5

Soit l'arc AM (fig. 5) que nous représenterons par a; si nous construisons ses lignes trigonométriques, nous aurons :

$$MP = sin\ a; \quad AT = tg\ a; \quad OT = séc\ a;$$
$$OP = cos\ a; \quad BS = cot\ a; \quad OS = coséc\ a$$

Le triangle rectangle OMP donne

$$\overline{MP^2} + \overline{OP^2} = \overline{OM^2};$$

ou (rayon $= 1$)

$$sin^2\ a + cos^2\ a = 1. \tag{1}$$

Il est évident que, pour l'arc égal à $\dfrac{a}{2}$, on aurait encore

$$sin^2\ \frac{a}{2} + cos^2\ \frac{a}{2} = 1. \tag{1 bis}$$

La similitude des triangles OMP, OAT donne

$$\frac{AT}{MP} = \frac{OA}{OP}, \text{ ou } \frac{tg\ a}{sin\ a} = \frac{1}{cos\ a};$$

d'où

$$tg\ a = \frac{sin\ a}{cos\ a}. \tag{2}$$

Les mêmes triangles OMP, OAT donnent encore

$$\frac{OT}{OM} = \frac{OA}{OP}, \text{ ou } \frac{séc\ a}{1} = \frac{1}{cos\ a},$$

d'où

$$séc\ a = \frac{1}{cos\ a}. \tag{3}$$

On considère les deux triangles semblables OBS et OMQ, pour la cotangente et la cosécante. Par suite des côtés homologues, on a

$$\frac{BS}{BO}=\frac{MQ}{OQ}, \quad \text{et} \quad \frac{OS}{OM}=\frac{OB}{OQ};$$

d'où l'on tire

$$\cot a=\frac{\cos a}{\sin a}, \tag{4}$$

et

$$\csc a=\frac{1}{\sin a}, \tag{5}$$

Telles sont les cinq formules qui permettent de calculer toutes les lignes trigonométriques d'un arc donné, lorsqu'on connaît une de ces lignes.

16. On peut déduire de ces cinq relations beaucoup d'autres, dont plusieurs sont très-utiles dans les calculs.

Par exemple, si nous multiplions membre à membre les équations (2) et (4), nous aurons :

$$\tan a\times\cot a=\frac{\sin a\times\cos a}{\cos a\times\sin a}=1. \tag{6}$$

Pour que le produit de la tangente d'un arc par la cotangente soit égal à 1, il faut nécessairement que ces deux lignes aient le même signe.

Si l'on divise les deux membres de l'équation (1) par $\cos^2 a$, il vient :

$$\frac{\sin^2 a}{\cos^2 a}+\frac{\cos^2 a}{\cos^2 a}=\frac{1}{\cos^2 a},$$

et, si nous avons égard aux formules (2) et (3), on trouve enfin :

$$1+\tan^2 a=\sec^2 a. \tag{7}$$

En divisant les deux membres de la formule (1) par $\sin^2 a$ et ayant égard aux relations (4) et (5), on obtient l'équation

$$1+\cot^2 a=\csc^2 a. \tag{8}$$

17. Avant de donner des applications de ces formules, nous ferons remarquer que *le sinus d'un arc est la moitié de la corde de l'arc double*. Ex. : sinus $AP=\frac{1}{2}AC$ (fig. 7).

18. PROBLÈME. — *Trouver les lignes trigonométriques d'un arc de 30°.*
L'arc de 60° a pour corde le rayon (Géom. 255); par conséquent, on a

$$\text{corde } 60°=1 \text{ et } \sin 30°=\frac{1}{2}$$

Connaissant le sinus de l'arc 30°, il est facile de calculer les autres lignes trigonométriques.

La formule (1) donne

$$\left(\frac{1}{2}\right)^2 + \cos^2 30° = 1 ;$$

d'où

$$\cos^2 30° = 1 - \frac{1}{4} = \frac{3}{4},$$

par conséquent

$$\cos 30° = \sqrt{\frac{3}{4}} = \frac{\sqrt{3}}{2}.$$

Par suite des valeurs trouvées pour le sinus et le cosinus de 30°, les formules (2), (3), (4) et (5) donnent :

$$tg\ 30° = \frac{1}{2} : \frac{\sqrt{3}}{2} = \frac{1 \times 2}{2 \times \sqrt{3}} = \frac{1}{\sqrt{3}} = \frac{1 \times \sqrt{3}}{\sqrt{3} \times \sqrt{3}} = \frac{\sqrt{3}}{3} ;$$

$$séc\ 30° = 1 : \frac{\sqrt{3}}{2} = \frac{1 \times 2}{\sqrt{3}} = \frac{2 \times \sqrt{3}}{3} ;$$

$$cot\ 30° = \frac{\sqrt{3}}{2} . \frac{1}{2} = \frac{2 \times \sqrt{3}}{2} = \sqrt{3}$$

$$coséc\ 30° = 1 : \frac{1}{2} = 2.$$

19. PROBLÈME. — *Calculer les lignes trigonométriques d'un arc de 45°*
Pour l'arc de 45° le sinus est égal au cosinus. De la formule

$$sin^2\ 45° + cos^2\ 45° = 1,$$

on tire donc

$$2\ sin^2\ 45° = 1,$$

d'où

$$sin^2\ 45° = \frac{1}{2},$$

et

$$sin\ 45 = \frac{1}{\sqrt{2}} = \frac{1 \times \sqrt{2}}{\sqrt{2} \times \sqrt{2}} = \frac{\sqrt{2}}{2}$$

Un angle de 45° étant lui-même son complément, on aura donc .

$$sin\ 45° = cos\ 45° = \frac{\sqrt{2}}{2} ; \quad tg\ 45° = cot\ 45° = \frac{sin\ 45°}{cos\ 45°} = 1 ;$$

$$séc\ 45° = coséc\ 45° = 1 : \frac{\sqrt{2}}{2} = \frac{2}{\sqrt{2}} = \frac{2\sqrt{2}}{2} = \sqrt{2}.$$

EXERCICES

20. Quels sont les arcs, de 0° à 360°, qui ont pour sinus $\frac{1}{2}$?

21.   Id.   id.   pour sinus $-\frac{1}{2}$?

22. $Sin\ a = 0,62$: calculer, à 0,001 près, le cosinus de cet arc.

23. $Cos\ a = 0,7$: calculer, à 0,01 près, la tangente de cet arc.

24. $Tg\ a = -1,5$: calculer les lignes trigonométriques de cet arc.

25. Trouver les lignes trigonométriques de l'arc de 60°.

26. Trouver les lignes trigonométriques de l'arc de 120°.

27. Trouver les lignes trigonométriques de l'arc de 18°.

EXPRESSIONS DU SINUS & DU COSINUS EN FONCTION DE LA TANGENTE

20. Pour trouver les expressions du sinus et du cosinus en fonction de la tangente, nous emploierons les formules (1) et (2):

$$sin^2 a + cos^2 a = 1 \; ; \quad tg\ a = \frac{sin\ a}{cos\ a}.$$

La seconde donne
$$tg^2 a = \frac{sin^2 a}{cos^2 a},$$

d'ou l'on tire
$$tg^2 a \times cos^2 a = sin^2 a.$$

Remplaçant dans l'équation (1) $sin^2 a$ par sa valeur, il vient successivement

$$tg^2 a \times cos^2 a + cos^2 a = 1$$
$$cos^2 a\,(1 + tg^2 a) = 1$$
$$cos^2 a = \frac{1}{1 + tg^2 a},$$

d'où
$$cos\ a = \pm \frac{1}{\sqrt{1 + tg^2 a}}. \qquad (9)$$

La valeur de $cos^2 a$ étant connue, on a

$$sin^2 a = tg^2 a \times cos^2 a = tg^2 a \times \frac{1}{1 + tg^2 a} = \frac{tg^2 a}{1 + tg^2 a},$$

d'où
$$sin\ a = \pm \frac{tg\ a}{\sqrt{1 + tg^2 a}}. \qquad (10)$$

Remarque. Toute équation du second degré donnant lieu à une double solution (Algèbre n° 119), nous avons posé

$$\cos a = \pm \frac{1}{\sqrt{1+tg^2\,a}}.$$

Lorsque l'arc a est moindre que 90° son cosinus est positif, et, dans ce cas, on a $\cos a = \dfrac{1}{\sqrt{1+tg^2\,a}}.$

Mais si l'arc a est compris entre 90° et 180°, son cosinus est négatif, et l'on doit prendre $\cos a = -\dfrac{1}{\sqrt{1+tg^2\,a}}.$

Dans des formules de ce genre, on a ainsi à choisir entre le signe $+$ et le signe $-$.

EXERCICES

Calculer les lignes trigonométriques d'un angle.

28.   —   en fonction de *sin a.*
29.   —   en fonction de *cos a.*
30.   —   en fonction de *tg a.*
31.   —   en fonction de *séc a.*
32.   —   en fonction de *coséc a.*
33.   —   en fonction de *cot a.*

34. $Cos\ a = \dfrac{2}{3}$: calculer, à 0,1 près, les autres lignes trigonométriques.

35. $Tg\ a = -\dfrac{7}{8}$: calculer, à 0,01 près, les autres lignes trigonométriques.

FORMULES RELATIVES AUX SINUS, COSINUS ET TANGENTES DE LA SOMME ET DE LA DIFFÉRENCE DE DEUX ARCS

31. Pour trouver les formules relatives aux sinus et aux cosinus, on se base sur le problème suivant : *Connaissant les* *sinus et les cosinus de deux arcs a et b, trouver le sinus et le cosinus de leur somme ou de leur différence.*

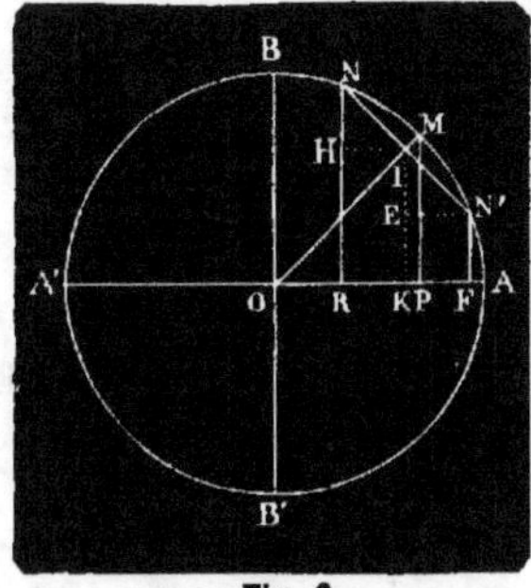

Fig. 6

Soient AM = *a*, et MN = MN' = *b*, les arcs dont les sinus et les cosinus sont donnés. Nous avons à trouver les sinus et les cosinus des arcs AMN = *a + b* et AN' = *a — b*. Menons le rayon OM; puis IK parallèle à MP, enfin IH et N'E parallèles à OA.

De ces constructions résulte évidemment l'égalité des triangles HIN, EN'I; d'ailleurs

$$sin\ a = MP,\ cos\ a = OP;\ sin\ b = NI;\ cos\ b = OI.$$
$$sin\ (a+b) = NR = HR + HN = IK + HN$$
$$cos\ (a+b) = OR = OK - KR = OK - HI$$
$$sin\ (a-b) = FN' = IK - IE = IK - HN$$
$$cos\ (a-b) = OF = OK + KF = OK + HI$$

Pour connaître *sin* (*a+b*), *cos* (*a+b*), etc., il suffit donc de déterminer les quatre lignes IK, OK, HN et HI. La similitude des triangles OMP et OIK donne d'abord

$$\frac{IK}{MP} = \frac{OI}{OM}, \text{ ou } \frac{IK}{sin\ a} = \frac{cos\ b}{1}, \text{ d'où } IK = sin\ a\ cos\ b;$$

puis
$$\frac{OK}{OP} = \frac{OI}{OM}, \text{ ou } \frac{OK}{cos\ a} = \frac{cos\ b}{1}, \text{ d'où } OK = cos\ a\ cos\ b.$$

Les triangles OMP et HIN qui ont les côtés perpendiculaires sont aussi semblables, on a, par suite

$$\frac{HN}{OP} = \frac{NI}{OM}, \text{ ou } \frac{HN}{cos\ a} = \frac{sin\ b}{1}, \text{ d'où } HN = cos\ a\ sin\ b;$$

puis
$$\frac{HI}{MP} = \frac{NI}{OM}, \text{ ou } \frac{HI}{sin\ a} = \frac{sin\ b}{1}, \text{ d'où } HI = sin\ a\ sin\ b.$$

Si l'on porte ces quatre valeurs dans les expressions de

sin $(a+b)$, *cos* $(a+b)$, etc., on obtient les quatre formules suivantes :

$$sin\ (a+b)=sin\ a\ cos\ b+cos\ a\ sin\ b \qquad (11)$$
$$cos\ (a+b)=cos\ a\ cos\ b-sin\ a\ sin\ b \qquad (12)$$
$$sin\ (a-b)=sin\ a\ cos\ b-cos\ a\ sin\ b \qquad (13)$$
$$cos\ (a-b)=cos\ a\ cos\ b+sin\ a\ sin\ b \qquad (14)$$

Il est à remarquer que les valeurs de *sin* $(a+b)$ et de *sin* $(a-b)$ ne diffèrent que par le signe du second terme, de même les valeurs de *cos* $(a+b)$ et de cos $(a-b)$; alors les quatre formules précédentes sont comprises dans les deux ci-dessous :

$$sin\ (a\pm b)=sin\ a\ cos\ b\pm cos\ a\ sin\ b \qquad (11\ et\ 13\ bis)$$
$$cos\ (a\pm b)=cos\ a\ cos\ b\mp sin\ a\ sin\ b \qquad (12\ et\ 14\ bis)$$

22. *Cherchons maintenant les tangentes de la somme et de la différence de deux arcs, connaissant les tangentes de ces deux arcs.*

On sait que $tg\ a=\dfrac{sin\ a}{cos\ a}$, par analogie

$$tg\ (a+b)=\frac{sin\ (a+b)}{cos\ (a+b)}=\frac{sin\ a\ cos\ b+cos\ a\ sin\ b}{cos\ a\ cos\ b-sin\ a\ sin\ b}.$$

Si l'on divise chaque terme de la dernière fraction par *cos a cos b*, il vient :

$$tg\ (a+b)=\frac{\dfrac{sin\ a\ cos\ b}{cos\ a\ cos\ b}+\dfrac{cos\ a\ sin\ b}{cos\ a\ cos\ b}}{\dfrac{cos\ a\ cos\ b}{cos\ a\ cos\ b}-\dfrac{sin\ a\ sin\ b}{cos\ a\ cos\ b}}.$$

De ce que $tg\ a=\dfrac{sin\ a}{cos\ a}$, et $tg\ b=\dfrac{sin\ b}{cos\ b}$, on a, après toutes réductions faites, $tg\ (a+b)=\dfrac{tg\ a+tg\ b}{1-tg\ a\ tg\ b}.$ \qquad (15)

On trouve de même $tg\ (a-b)=\dfrac{tg\ a-tg\ b}{1+tg\ a\ tg\ b}.$ \qquad (16)

Ces deux formules sont comprises dans la suivante

$$tg\,(a \pm b) = \frac{tg\,a \pm tg\,b}{1 \mp tg\,a\,tg\,b}. \qquad (15\ et\ 16\ bis)$$

EXERCICES

36. Calculer le sinus, le cosinus et la tangente d'un arc de 75°.

37. Calculer le sinus et le cosinus d'un arc de 105°.

38. Calculer le sinus et le cosinus d'un arc de 63°.

39. Calculer le sinus et le cosinus d'un arc de 27°.

40. Calculer le sinus et le cosinus d'un arc de 48°.

41. Calculer le sinus et le cosinus d'un arc de 12°.

42. $Sin\ a = \dfrac{1}{4}$, $cos\ b = \dfrac{3}{5}$: calculer $sin\,(a \pm b)$ et $cos\,(a \pm b)$.

43. Vérifier les équations:

$$cot\,(a+b) = \frac{cot\,a\,cot\,b - 1}{cot\,b + cot\,a},$$

$$et\ cot\,(a-b) = \frac{cot\,a\,cot\,b + 1}{cot\,b - cot\,a}.$$

44. Calculer $tg\ 48°$ et $cot\ 48°$.

45. Trouver $séc\ 27°$.

46. $Tg\ a = 1,3$; $tg\ b = 0,54$: calculer $tg\,(a+b)$ et $tg\,(a-b)$.

47. $Cos\ a = 0,7$; $sin\ b = \dfrac{3}{5}$: calculer $cot\,(a+b)$ et $cot\,(a-b)$.

48. Trouver $coséc\ 12°$.

EXPRESSIONS DE SIN 2 A, COS 2 A & TG 2 A

28. Pour obtenir $sin\ 2\,a$, il suffit de faire $b = a$ dans la formule (11)

$$sin\,(a+b) = sin\,a\,cos\,b + cos\,a\,sin\,b,$$

on a alors

$$sin\ 2\,a = 2\,sin\,a\,cos\,a. \qquad (17)$$

Pour avoir $cos\ 2\,a$, on fait $b = a$ dans la formule (12)

$$cos\,(a+b) = cos\,a\,cos\,b - sin\,a\,sin\,b,$$

il vient

$$cos\, 2\, a = cos^2\, a - sin^2\, a. \qquad (18)$$

On obtient enfin $tg\, 2\, a$ en faisant $a=b$ dans la formule (15)

$$tg\, (a+b) = \frac{tg\, a + tg\, b}{1 - tg\, a\, tg\, b},$$

qui donne alors $tg\, 2\, a = \frac{2\, tg\, a}{1 - tg^2\, a}.$ \qquad (19)

EXERCICES

49. $Sin\ a = 0,3$, trouver $sin\, 2\, a$.

50. $Cos\ a = \frac{4}{5}$, trouver $cos\, 2\, a$.

51. $Tg\ a = \frac{3}{5}$, trouver $tg\, 2\, a$.

52. Trouver $sin\, 54°$, $cos\, 54°$, $tg\, 54°$.

53. Calculer $tg\, 150°$.

54. Calculer $sin\, 3\, a$, connaissant $sin\, a$.

55. Trouver $cos\, 3\, a$, connaissant $cos\, a$.

56. $Sin\ a = 0,4$, calculer $sin\, 3\, a$.

57. $Cos\ a = 0,9$, calculer $cos\, 3\, a$.

24. Problème. — *Connaissant* $cos\ a$, *calculer* $sin\frac{a}{2}$, $cos\frac{a}{2}$ *et* $tg\frac{a}{2}$.

Dans la formule $cos\, 2\, a = cos^2\, a - sin^2\, a$, remplaçons a par $\frac{a}{2}$ et renversons l'ordre des membres, nous aurons :

$$cos^2\frac{a}{2} - sin^2\frac{a}{2} = cos\, a. \qquad (20)$$

Voilà deux inconnues $cos\frac{a}{2}$ et $sin\frac{a}{2}$; il faut encore une équation. Prenons la formule (1 *bis*).

$$cos^2\frac{a}{2}+sin^2\frac{a}{2}=1.$$

Ajoutons ces équations membre à membre, il viendra .

$$2\,cos^2\frac{a}{2}=1+cos\,a,$$

puis

$$cos^2\frac{a}{2}=\frac{cos\,a+1}{2},$$

et enfin

$$cos\frac{a}{2}=\pm\sqrt{\frac{cos\,a+1}{2}}. \tag{21}$$

Si, au contraire, nous retranchons les équations ($1\,bis$) et (20) membre à membre, nous aurons :

$$2\,sin^2\frac{a}{2}=1-cos\,a,$$

puis

$$sin^2\frac{a}{2}=\frac{1-cos\,a}{2},$$

et enfin

$$sin\frac{a}{2}=\pm\sqrt{\frac{1-cos\,a}{2}}. \tag{22}$$

En divisant la valeur de $sin\frac{a}{2}$ par celle de $cos\frac{a}{2}$, on a :

$$\frac{sin\frac{a}{2}}{cos\frac{a}{2}}=tg\frac{a}{2}=\pm\sqrt{\frac{1-cos\,a}{1+cos\,a}} \tag{23}$$

REMARQUE. Nous mettons le double signe $\pm$ devant le radical, d'après ce qui a été dit n° 20 ; mais, si l'arc a est moindre que 180°, $\frac{a}{2}$ est plus petit que 90°. par conséquent le sinus et le cosinus de cet arc sont positifs. On ne fait alors usage que du signe $+$.

EXERCICES

58. *Cos* $a=0,6$: calculer $sin \dfrac{a}{2}$ à $0,01$ près.

59. *Sin* $a=0,8$: calculer $sin \dfrac{a}{2}$, $cos \dfrac{a}{2}$, $tg \dfrac{a}{2}$.

60. $a=45°$: Trouver $sin \dfrac{a}{2}$, $cos \dfrac{a}{2}$, $tg \dfrac{a}{2}$.

25. Problème. — *Connaissant sin a, calculer* $sin\dfrac{a}{2}$ *et* $cos\dfrac{a}{2}$.

Dans la formule (17), $2\,sin\,a\,cos\,a = sin\,2\,a$, remplaçant a par $\dfrac{a}{2}$, nous avons :

$$2\,sin\,\frac{a}{2}\,cos\,\frac{a}{2} = sin\,a. \tag{24}$$

Prenons la formule (1 *bis*) :

$$cos^2\frac{a}{2} + sin^2\frac{a}{2} = 1.$$

Ajoutons ces équations membre à membre, il **viendra** :

$$2\,sin\frac{a}{2}\,cos\frac{a}{2} + cos^2\frac{a}{2} + sin^2\frac{a}{2} = 1 + sin\,a,$$

ou

$$\left(cos\frac{a}{2} + sin\frac{a}{2}\right)^2 = 1 + sin\,a,$$

d'où

$$cos\frac{a}{2} + sin\frac{a}{2} = \pm\sqrt{1 + sin\,a}. \tag{25}$$

Si, au contraire, on retranche ces équations, on **a** :

$$cos^2\frac{a}{2} + sin^2\frac{a}{2} - 2\,sin\frac{a}{2}\,cos\frac{a}{2} = 1 - sin\,a,$$

ou

$$\left(cos\frac{a}{2} - sin\frac{a}{2}\right)^2 = 1 - sin\,a,$$

d'où

$$cos\frac{a}{2} - sin\frac{a}{2} = \pm\sqrt{1 - sin\,a}. \tag{26}$$

Combinant enfin les formules (25) et (26) par addition et par soustraction, nous obtiendrons :

$$\cos\frac{a}{2}=\pm\frac{1}{2}\sqrt{1+\sin a}\pm\frac{1}{2}\sqrt{1-\sin a}, \qquad (27)$$

$$\sin\frac{a}{2}=\pm\frac{1}{2}\sqrt{1+\sin a}\mp\frac{1}{2}\sqrt{1-\sin a}. \qquad (28)$$

26. Problème. *Connaissant* tg a, *calculer* tg $\frac{a}{2}$.

Dans la formule (19) tg $2\,a=\dfrac{2\,tg\,a}{1-tg^{2}\,a}$, remplaçons a par $\dfrac{a}{2}$,

nous aurons $\qquad\qquad tg\,a=\dfrac{2\,tg\,\dfrac{a}{2}}{1-tg^{2}\dfrac{a}{2}}.\qquad\qquad(26)$

Cette équation donne, en chassant le dénominateur,

$$tg\,a-tg^{2}\frac{a}{2}tg\,a=2\,tg\,\frac{a}{2},$$

ou $\qquad\qquad tg\,a-tg^{2}\frac{a}{2}tg\,a-2\,tg\,\frac{a}{2}=0;$

en changeant les signes, il vient :

$$tg^{2}\frac{a}{2}tg\,a+2\,tg\frac{a}{2}-tg\,a=0,$$

puis $\qquad\qquad tg^{2}\frac{a}{2}+\dfrac{2}{tg\,a}\times tg\,\frac{a}{2}-1=0.$

Résolvant cette équation du second degré, on a successivement
(Algèbre n° 141) :

$$tg\frac{a}{2}=-\frac{1}{tg\,a}\pm\sqrt{1+\frac{1}{tg^{2}\,a}},$$

$$tg\frac{a}{2}=-\frac{1}{tg\,a}\pm\sqrt{\frac{tg^{2}\,a+1}{tg^{2}\,a}},$$

$$tg\frac{a}{2}=\frac{-1\pm\sqrt{1+tg^{2}\,a}}{tg\,a}. \qquad (30)$$

On adoptera encore le signe $+$ dans le cas où l'on aura $a < 180°$, car $\frac{a}{2}$ sera moindre que 90°, et la tangente de cet arc sera positive.

EXERCICES

61. *Tg* $a=0,9$, calculer $tg\,\frac{a}{2}$

62. *Cos* $a=0,7$, calculer $tg\,\frac{a}{2}$ (vérification)

63. Trouver *tg* 27° (vérification).

27. Problème. *Rendre calculable par logarithmes la somme de deux lignes trigonométriques, sinus, cosinus et tangente.*

Les calculs trigonométriques se font par logarithmes, et comme les logarithmes ne s'appliquent qu'aux monômes, il faut remplacer la somme de deux sinus, de deux cosinus ou de deux tangentes par un produit.

1° *Rendre calculables par logarithmes* sin $p+$sin q, sin $p-$ sin q, cos $p+$cos q et cos $p-$cos q.

Ajoutons et retranchons successivement membre à membre les équations (12) et (13) nous aurons :

$$sin\;(a+b)+sin\;(a-b)=2\;sin\;a\;cos\;b. \qquad (31)$$
$$sin\;(a+b)-sin\;(a-b)=2\;cos\;a\;sin\;b. \qquad (32)$$

Opérons de même sur les formules (12) et (14), il vient

$$cos\;(a+b)+cos\;(a-b)=2\;cos\;a\;cos\;b \qquad (33)$$
$$cos\;(a-b)-cos\;(a+b)=2\;sin\;a\;sin\;b. \qquad (34)$$

Faisons $a+b=p,$

et $a-b=q.$

On a par addition $2\,a = p + q$, et par soustraction $2\,b = p - q$,

d'où
$$a = \frac{1}{2}(p + q)\,, \text{ et } b = \frac{1}{2}(p - q).$$

En substituant ces valeurs dans les équations précédentes, elles deviennent :

$$\sin p + \sin q = 2\,\sin\frac{1}{2}(p + q)\,\cos\frac{1}{2}(p - q) \qquad (35)$$

$$\sin p - \sin q = 2\,\cos\frac{1}{2}(p + q)\,\sin\frac{1}{2}(p - q) \qquad (36)$$

$$\cos p + \cos q = 2\,\cos\frac{1}{2}(p + q)\,\cos\frac{1}{2}(p - q) \qquad (37)$$

$$\cos q - \cos p = 2\,\sin\frac{1}{2}(p + q)\,\sin\frac{1}{2}(p - q) \qquad (38)$$

Si l'on divise membre à membre les formules (35) et (36), on obtient :

$$\frac{\sin p + \sin q}{\sin p - \sin q} = \frac{2\,\sin\frac{1}{2}(p + q)\,\cos\frac{1}{2}(p - q)}{2\,\cos\frac{1}{2}(p + q)\,\sin\frac{1}{2}(p - q)} = \frac{tg\,\frac{1}{2}(p + q)}{tg\,\frac{1}{2}(p - q)};$$

car, d'après la formule (2)

$$tg\,\frac{1}{2}(p + q) = \frac{\sin\frac{1}{2}(p + q)}{\cos\frac{1}{2}(p + q)};$$

d'ailleurs, de ce que
$$tg\,a = \frac{\sin a}{\cos a},$$

on a
$$\frac{1}{tg\,a} = \frac{\cos a}{\sin a}, \text{ et par suite } \frac{1}{tg\,\frac{1}{2}(p - q)} = \frac{\cos\frac{1}{2}(p - q)}{\sin\frac{1}{2}(p - q)};$$

donc enfin :

$$\frac{\sin p + \sin q}{\sin p - \sin q} = \frac{tg \frac{1}{2}(p+q)}{tg \frac{1}{2}(p-q)}. \tag{39}$$

C'est-à-dire que *le rapport de la somme des **sinus de deux** arcs à la différence de ces mêmes sinus est le même que celui de la tangente de la demi-somme des arcs à la tangente de leur demi-différence.*

2° *Rendre calculables par logarithmes* $tg\,p + tg\,q$, *et* $tg\,p - tg\,q$. On a :

$$tg\,p + tg\,q = \frac{\sin p}{\cos p} = \frac{\sin q}{\cos q} = \frac{\sin p \cos q + \sin q \cos p}{\cos p \cos q}.$$

Remplaçant le numérateur de cette dernière fraction par sa valeur (11), on obtient :

$$tg\,p + tg\,q = \frac{\sin (p+q)}{\cos p \cos q}. \tag{40}$$

On trouverait de même :

$$tg\,p - tg\,q = \frac{\sin (p-q)}{\cos p \cos q}. \tag{41}$$

On aurait par des transformations analogues :

$$cot\,p + cot\,q = \frac{\sin (p+q)}{\sin p \sin q}; \tag{42}$$

$$cot\,q - cot\,p = \frac{\sin (p-q)}{\sin p \sin q}; \tag{43}$$

$$cot\,p + tg\,q = \frac{\cos (p-q)}{\sin p \cos q}; \tag{44}$$

$$cot\,p - tg\,q = \frac{\cos (p+q)}{\sin p \cos q}; \tag{45}$$

Remarque. Si l'on avait à transformer en produit $\sin p + \cos q$ et $\sin p - \cos q$, on remplacerait $\cos q$ par $\sin (90 - q)$, ce qui donnerait

$$sin\ p + cos\ q = sin\ p + sin\ (90-q)$$

$$= 2\ sin\frac{1}{2}(p+90-q)\ cos\frac{1}{2}(p-90+q),$$

$$= 2\ sin\ (45° + \frac{p-q}{2})\ cos\ (\frac{p+q}{2} - 45°);\quad (46)$$

et
$$sin\ p - cos\ q = sin\ p - sin\ (90-q)$$

$$= 2\ cos\frac{1}{2}(p+90-q)\ sin\frac{1}{2}(p-90+q)$$

$$= 2\ cos\ (45° + \frac{p-q}{2})\ sin\ (\frac{p+q}{2} - 45°).\quad (47)$$

28. Applications. Rendre calculables par logarithmes $sin\ 48° + sin\ 29°$, et $sin\ 48° - sin\ 29°$; $cos\ 48° + cos\ 29°$, et $cos\ 48° - cos\ 29°$.

$$p = 48°,\ q = 29°$$

$$sin\ 48° + sin\ 29° = 2\ sin\frac{1}{2}(48°+29°)\ cos\frac{1}{2}(48°-29°),$$

ou
$$sin\ 48° + sin\ 29° = 2\ sin\ 38°\ 30'\ cos\ 9°\ 30'.$$

On obtiendrait de même

$$sin\ 48° - sin\ 29° = 2\ cos\ 38°\ 30'\ sin\ 9°\ 30'$$

$$cos\ 48° + cos\ 29° = 2\ cos\ 38°\ 30'\ cos\ 9°\ 30'$$

$$cos\ 29° - cos\ 48° = 2\ sin\ 38°\ 30'\ sin\ 9°\ 30'.$$

EXERCICES

Rendre calculables par logarithmes :

64. *Sin 34° 24′ 12″ — sin 12° 14′ 28″.*

65. *Cos 28° 15′ 14″ + cos 17° 53′ 29″.*

66. $\dfrac{Sin\ 52°\ 38'\ 24'' + sin\ 25°\ 28'\ 16''}{Sin\ 52°\ 38'\ 24'' - sin\ 25°\ 28'\ 16''}$

67. $\dfrac{Sin\ 120^\circ\ 14'\ 6'' - sin\ 40^\circ\ 3'\ 18''}{Sin\ 120^\circ\ 14'\ 6'' + sin\ 40^\circ\ 3'\ 18''}.$

68. $Tg\ 28^\circ\ 17'\ 12'' + tg\ 45^\circ\ 27'\ 10''$

69. $Cot\ 64^\circ\ 18'\ 25'' - cot\ 18^\circ\ 24'\ 16''.$

70. $Cot\ 46^\circ\ 23'\ 12'' + tg\ 24^\circ\ 0'\ 44''.$

71. $Cot\ 74^\circ\ 28'\ 14'' - tg\ 18^\circ\ 1'\ 28''.$

72. $Sin\ 84^\circ\ 25'\ 12'' - cos\ 13^\circ\ 34'\ 27''$

73. $1 + sin\ a.$

74. $1 - sin\ 24^\circ\ 18'.$

75. $1 - cos\ 29^\circ\ 44'\ 18''.$

76. $1 + tg\ 42^\circ\ 24'\ 16''.$

77. $1 - cot\ 28^\circ\ 15'\ 27''.$

78. $\dfrac{1 + tg\ 24^\circ\ 16'}{1 - tg\ 24^\circ\ 16'}.$

79. $\dfrac{1 - tg\ 35^\circ\ 20'}{1 + tg\ 35^\circ\ 20'}$

80. $\sqrt{\dfrac{1 - cos\ a}{1 + cos\ a}}$

81. $\sqrt{\dfrac{1 - sin\ a}{1 + sin\ a}}.$

82. 1° $Tg\ a + sin\ a$; 2° $tg\ a - sin\ a.$

83. 1° $Séc\ a + coséc\ a$; 2° $séc\ a - coséc\ a.$

84. 1° $Séc\ a + tg\ a$; 2° $séc\ a - tg\ a.$

85. 1° $Tg\ a + 2\ sin^2\ a$; 2° $tg\ a - 2\ sin^2\ a.$

86. 1° $1 + sin\ a + cos\ a$; 2° $1 + sin\ a - cos\ a.$

Vérifier les égalités suivantes :

87. $Tg\ \dfrac{a}{2} = coséc\ a - cot\ a.$

88. $2\ cot\ a = cot\ \dfrac{a}{2} - tg\ \dfrac{a}{2}.$

89. $Sin\ (a+b)\ sin\ (a-b) = sin^2\ a - sin^2\ b.$

90. $Cos\ (a+b)\ cos\ (a-b) = cos^2\ a - sin^2\ b.$

91. $Cot\ a = coséc\ 2\ a + cot\ 2\ a.$

92. $Cos^2 2\ a - sin^2\ a = cos\ 3\ a\ cos\ a.$

93. $Sin^2\ (a+b) - sin^2\ a = sin\ (2\ a + b)\ sin\ b.$

Égalités à vérifier, quand $a + b + c = 180^\circ$:

94. $Tg\ a + tg\ b + tg\ c = tg\ a\ tg\ b\ tg\ c$

95. $Sin\ a + sin\ b + sin\ c = 4\ cos\ \dfrac{a}{2} cos\ \dfrac{b}{c} cos\ \dfrac{c}{2}.$

96. $Sin\ a + sin\ b - sin\ c = 4\ sin\ \dfrac{a}{2}\ sin\ \dfrac{b}{2}\ cos\ \dfrac{c}{2}.$

Égalités à vérifier quand $a + b + c = 90°.$
  97. $Tg\ a\ tg\ b + tg\ a\ tg\ c + tg\ b\ tg\ c = 1.$
  98. $Cot\ a + cot\ b + cot\ c = cot\ cot\ b\ cot\ c.$
  99. $Sin\ 2a + sin\ 2b + sin\ 2c = 4\ cos\ a\ cos\ b\ cos\ c.$

NOTIONS SUR LA CONSTRUCTION DES TABLES TRIGONOMÉTRIQUES

29. Dans les applications de la trigonométrie les calculs se font par logarithmes, aussi les tables de logarithmes de nombres ordinaires sont-elles suivies de tables de logarithmes des lignes trigonométriques. Les tables généralement employées contiennent les logarithmes des sinus, des cosinus, des tangentes et des cotangentes des arcs compris entre 0° et 45°.

On ne s'occupe pas des sécantes et des cosécantes parce que ces lignes sont sans usage dans le calcul. Il n'est d'ailleurs pas nécessaire de dépasser l'arc de 45° en faisant usage des lignes complémentaires ; par exemple la valeur de sinus 61° sera celle de cosinus 29°, etc.

Nous allons faire connaître comment on pourrait construire ces tables ; mais avant nous démontrerons les théorèmes suivants.

30. Théorème. *Tout arc moindre qu'un quadrant est plus grand que son sinus et plus petit que sa tangente.*

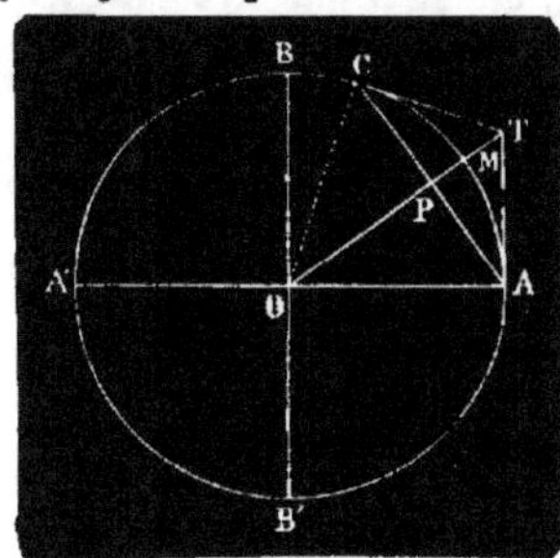

Fig. 7

On doit donc avoir :

$$sin\ a < a < tg\ a.$$

Soit l'arc AM=a. Menons son sinus AP et sa tangente AT comme l'indique la figure. Prolongeons AP jusqu'à sa rencontre en C avec la circonférence, puis tirons les droites CT, CO ; la ligne CT sera tangente à la circonférence, car les triangles AOT, COT étant égaux, l'angle OCT est droit. Or on a :

$$AC < AMC < ATC, \text{ ou } \frac{AC}{2} < \frac{AMC}{2} < \frac{ATC}{2}.$$

En remplaçant ces quantités par leurs valeurs, on a enfin

$$sin\ a < a < tg\ a. \tag{48}$$

31. Théorème. *Lorsque l'arc a converge vers 0, le rapport $\frac{a}{sin\ a}$ a pour limite l'unité.*

On doit donc avoir : $limite\ \dfrac{a}{sin\ a} = 1.$

En effet, de $\qquad sin\ a < a < tg\ a$

on tire, en divisant tout par $siu\ a$,

$$1 < \frac{a}{sin\ a} < \frac{tg\ a}{sin\ a},$$

ou $\qquad\qquad 1 < \dfrac{a}{sin\ a} < \dfrac{1}{cos\ a},$

car, d'après la formule (2) $\dfrac{tg\ a}{sin\ a} = \dfrac{1}{cos\ a}.$

La différence entre 1 et $\dfrac{a}{sin\ a}$ est évidemment moindre que la différence entre 1 et $\dfrac{1}{cos\ a}$. Or, quand $sin\ a$ tend vers 0, $cos\ a$ tend vers l'unité, et par suite $\dfrac{1}{cos\ a}$: donc la différence entre 1 et $\dfrac{1}{cos\ a}$ peut devenir moindre que toute quantité donnée : donc à plus forte raison, la différence entre l'unité et $\dfrac{a}{sin\ a}$ peut-elle devenir moindre que toute quantité donnée.

On peut par conséquent poser :

$$limite\ \left(\frac{a}{sin\ a}\right) = 1. \qquad\text{C.Q.F.D.} \tag{49}$$

32. Théorème. *La différence* a—sin a *, entre un arc moindre qu'un quadrant et son sinus est plus petite que le quart du cube de l'arc.*

On doit donc avoir : $a - \sin a < \dfrac{a^3}{4}.$

En effet, si dans la relation (24)

$$\sin a = 2 \sin\frac{a}{2} \cos\frac{a}{2} = 2 \, tg\frac{a}{2} \cos^2\frac{a}{2},$$

on remplace $tg\dfrac{a}{2}$ par la quantité plus petite $\dfrac{a}{2}$ (42) on diminue le second membre, et l'on a

$$\sin a > a \cos^2\frac{a}{2},$$

ou (1 *bis*) $\sin a > a \left(1 - \sin^2\frac{a}{2}\right).$

Si, dans cette dernière inégalité, on rempla $\cdot$ $\sin\dfrac{a}{2}$ par la quantité plus grande $\dfrac{a}{2}$, on aura, à plus forte raison :

$$\sin a > a \left(1 - \frac{a^2}{4}\right),$$

ou $$\sin a > a - \frac{a^3}{4},$$

ce qui donne enfin $a - \sin a < \dfrac{a^3}{4}.$ (50)

33. Théorème. *Le cosinus d'un arc* a *du premier quadrant est compris entre* $1 - \dfrac{a^2}{2}$ *et* $1 - \dfrac{a^2}{2} + \dfrac{a^4}{16}.$

On doit donc avoir :

$$1° \cos a > 1 - \frac{a^2}{2}, \text{ et } 2° \cos a < 1 - \frac{a^2}{2} + \frac{a^4}{16}.$$

1º On a (20) :

$$\cos a = \cos^2 \frac{a}{2} - \sin^2 \frac{a}{2};$$

substituant dans cette égalité la valeur de $\cos^2 \frac{a}{2}$ (1 *bis*), il vient

$$\cos a = 1 - 2 \sin^2 \frac{a}{2}. \qquad\qquad (n)$$

Si dans cette égalité on remplace $\sin \frac{a}{2}$ par la quantité plus grande $\frac{a}{2}$ (nº 30), le second membre diminuera, et par suite on aura :

$$\cos a > 1 - 2 \left(\frac{a}{2}\right)^2, \text{ ou } \cos a > 1 - \frac{a^2}{2}. \qquad (45)$$

2º En remplaçant a par $\frac{a}{2}$, l'inégalité (44) donne $\sin \frac{a}{2} > \frac{a}{2} - \frac{a^3}{32}.$ Donc, si l'on remplace, dans l'équation (n), $\sin \frac{a}{2}$ par l'expression plus petite $\frac{a}{2} - \frac{a^3}{32}$, le second membre augmente, et l'on a par suite :

$$\cos a < 1 - 2 \left(\frac{a}{2} - \frac{a^3}{32}\right)^2, \text{ ou } \cos a < 1 - \frac{a^2}{2} + \frac{a^4}{16} - \frac{2a^6}{32^2}.$$

En supprimant $- \frac{2a^6}{32^2}$, on augmente le second membre, donc à *fortiori* a-t-on :

$$\cos a < 1 - \frac{a^2}{2} + \frac{a^4}{16}. \qquad\qquad (46)$$

Ainsi, en prenant $1 - \frac{a^2}{2}$ pour la valeur de $\cos a$, l'erreur commise sera moindre que $\frac{a^4}{16}.$

34. *Détermination du sinus de l'arc de* 10″. Soit a l'arc de 10″ dans le cercle dont le rayon est 1. La demi-circonférence est égale à π, et comme il y a 648000″ dans 180°,

$$a = 10'' = \frac{\pi}{64800} = 0,000048481368110\ldots$$

On a d'ailleurs, n° 30, $sin\ a < a$, et n° 32 $sin\ a > a - \dfrac{a^3}{4}$; mais on a:

$$a < 0,00005, \quad \text{et} \quad \frac{a^3}{4} < \frac{1}{4}(0,0005)^3, \quad \text{ou} \frac{a^3}{4} < 0,000000000000032.$$

On trouve donc :

$$sin\ 10'' < 0,000048481368111,$$

et $sin\ 10'' > 0,000048481368110\ldots - 0,000000000000032,$

ou $sin\ 10'' > 0,000048481368078.$

Le sinus de 10″ est donc compris entre deux nombres qui ne diffèrent qu'à partir de la treizième décimale.

On a par conséquent :

$$sin\ 10'' = 0,0000484813681,$$

à moins d'une demi-unité du treizième ordre décimal.

35. *Détermination du cosinus de l'arc de* 10″.

Pour obtenir $cos\ 10''$, on pourrait employer la formule $cos\ a = \sqrt{1 - sin^2 a}$, car, connaissant $sin\ a$ ou $sin\ 10''$, il est facile de calculer $cos\ a$ ou $cos\ 10''$; mais il est plus simple encore de calculer $cos\ 10''$ comme il suit :

En posant $cos\ a = 1 - \dfrac{a^2}{2}$, l'erreur commise (n° 33) est moindre que $\dfrac{a^4}{16}$. Or, $a < 0,00005$ donne $a < \dfrac{5}{100000}$, ou $a < \dfrac{10}{2 \times 10^5}$, ou encore $a < \dfrac{1}{2 \times 10^4}$, donc on a :

$$\frac{a^4}{16} = \left(\frac{a}{2}\right)^4 < \left(\frac{1}{2.2 \times 10^4}\right)^4, \text{ ou } \frac{a^4}{16} < \frac{1}{256 \times 10^{16}}, \text{ et } \textit{à fortiori}$$

$$\frac{a^4}{16} < \frac{1}{200 \times 10^{16}} \text{ ou } \frac{a^4}{16} < \frac{1}{2 \times 10^{18}}.$$

En employant la formule $cos\ a = 1 - \frac{a^2}{2}$, on obtiendra donc la valeur de $cos\ 10''$ à moins d'une demi-unité du dix-huitième ordre décimal. Si l'on s'arrête aux treize premiers chiffres décimaux, on trouve :

$$cos\ 10'' = 0,9999999088248..$$

36. *Calcul des sinus et cosinus des arcs de 10″ en 10″ depuis 0 jusqu'à 45°.* On a (n° 27)

$$sin\ (a+b) + sin(a-b) = 2\ sin\ a\ cos\ b,$$
$$cos\ (a+b) + cos(a-b) = 2\ cos\ a\ cos\ b.$$

D'où l'on déduit :

$$sin\ (a+b) = 2\ sin\ a\ cos\ b - sin(a-b), \qquad (m)$$
$$cos\ (a+b) = 2cos\ a\ cos\ b - cos\ (a-b). \qquad (n)$$

Posons $a = mb$: par suite $a+b = mb+b = (m+1)b$, et $a-b = mb-b = (m-1)\ b$. Si l'on substitue ces valeurs de a, $a+b$, et de $a-b$ dans les équations (m) et (n), il vient

$$sin\ (m+1)\ b = 2\ cos\ b\ sin\ mb - sin\ (m-1)\ b \qquad (50)$$
$$cos\ (m+1)\ b = 2\ cos\ b\ cos\ mb - cos\ (m-1)\ b \qquad (51)$$

Faisant successivement

$$m = 1,\ b = 10''; \quad m = 2.\ b = 10''; \quad m = 3,\ b = 10'', \text{ etc.}$$

La première formule donne

$$sin\ 20'' = 2\ cos\ 10''\ sin\ 10$$
$$sin\ 30'' = 2\ cos\ 10''\ sin\ 20'' - sin\ 10''$$
$$sin\ 40'' = 2\ cos\ 10''\ sin\ 30'' - sin\ 20''$$
$$sin\ 50'' = 2\ cos\ 10''\ sin\ 40'' - sin\ 30''$$

$$. . . . .$$

La seconde formule donne

$$cos\ 20' = 2\ cos\ 10''\ cos\ 10'' - cos\ 0 = 2\ cos^2\ 10'' - 1; \text{ car } (13)\ cos\ 0° = 1.$$

$$cos\ 30'' = 2\ cos\ 10''\ cos\ 20'' - cos\ 10''$$
$$cos\ 40'' = 2\ cos\ 10''\ cos\ 30'' - cos\ 20''$$
$$cos\ 50'' = 2\ cos\ 10''\ cos\ 40'' - cos\ 30''$$
$$. . . . .$$

Telles sont les formules de *Thomas Simpson*.

Remarque. — Pour les tables des tangentes et des cotangentes on aurait recours aux formules : $tg\ a = \dfrac{sin\ a}{cos\ a}$; $cot\ a = \dfrac{cos\ a}{sin\ a}$, pour lesquelles on a :

$$log\ tg\ a = log\ sin\ a - log\ cos\ a$$
$$log\ cot\ a = log\ cos\ a - log\ sin\ a$$

Disposition et usage de notre Table de Logarithmes.

37. Cette table contient les logarithmes des *sinus* et des *tangentes,* pour toutes les minutes du quart du cercle; et, par suite, ceux des *cosinus* et des *cotangentes* pour les mêmes arcs.

38. Les logarithmes des lignes trigonométriques ont été calculés dans l'hypothèse du rayon égal à l'unité. Ils sont d'ailleurs inscrits dans les colonnes intitulées *sin.*, *tang.*, *cotg.* et *cos.*

39. Quand un arc est *plus petit* que 45°, on lit les degrés en *haut* des pages et les minutes dans la 1ʳᵉ colonne à *gauche.* Si l'arc est *plus grand* que 45°, on lit les degrés au *bas* des pages et les minutes dans la 1ʳᵉ colonne à *droite.*

40. Lorsque plusieurs logarithmes successifs de la même colonne ont une caractéristique commune, elle n'est pas exprimée pour chaque logarithme : le lecteur la rétablira toujours aisément. Nous ferons d'ailleurs remarquer que les derniers changements des caractéristiques ont lieu dès les premières pages de la table.

41. Les différences qui existent entre les logarithmes successifs des sinus et des cosinus sont inscrites à droite des logarithmes de ces lignes, dans les colonnes intitulées *Diff.* Quant à la colonne intitulée *Diff. com.*, elle renferme les *différences communes* entre les logarithmes successifs des tangentes et des cotangentes (1).

(1) Cette différence est en effet, la même, car on sait (nº 19) que
$$tg\ a \times cot\ a = 1$$
et
$$tg\ b \times cot\ b = 1;$$
par conséquent
$$log\ tg\ a + log\ cot\ a = log\ tg\ b + log\ cot\ b,$$
d'où
$$log\ tg\ a - log\ tg\ b = log\ cot\ b - log\ cot\ a.$$

Les différences entre les logarithmes des sinus et les différences communes entre les logarithmes des tangentes et des cotangentes ne se trouvent dans la table qu'à partir de 2° : on en verra plus loin le motif (n° 45).

42. Pour être à même de se servir de la table, il faut savoir résoudre les deux problèmes suivants :

1° *Trouver le logarithme d'une ligne trigonométrique d'un arc donné.*

2° *Trouver l'arc correspondant au logarithme donné d'une ligne trigonométrique.*

43. **1er Problème**. — *Trouver le logarithme d'une ligne trigonométrique d'un arc donné.*

1er Cas. — *L'arc donné ne contient que des degrés et des minutes.*
Le logarithme demandé se trouve immédiatement dans la table. Ainsi, on a, en rétablissant les caractéristiques sous-entendues.

$$\log \sin 7° \ 28' = \overline{1},1137742$$
$$\log \tan 54° \ 33' = 0,1475339$$
$$\log \cot 29° \ 17' = 0,2511987$$
$$\log \cos 78° \ 7' = \overline{1},3136976.$$

2e Cas. — *L'arc donné contient des secondes, ou des secondes et une fraction décimale de seconde.*

Exemple I. Trouver le logarithme de sinus 64° 37′ 16″.
On a

$$\log \sin 64° \ 37' = \overline{1},9559089$$

et

$$\log \sin 64° \ 38' = \overline{1},9559689.$$

Ainsi que l'indique la table, la différence entre ces deux logarithmes est de 600 unités du 7e ordre décimal.
Or, *les différences entre les logarithmes étant sensiblement proportionnelles aux différences entre les arcs*, on peut faire ce raisonnement: si pour 1′ ou 60″ le logarithme augmente de 600 unités,

pour 1″ le logarithme augmentera 60 fois moins, ou de $\dfrac{600}{60}$, et,

pour 16″, il augmentera 16 fois plus, ou de $\dfrac{600 \times 16}{60} = 160$.

Donc

$$\log \sin 64° \ 37' \ 16'' = \overline{1},9559089 + 0,0000160 = \overline{1},9559249.$$

Type du calcul.

$$\text{log sin } 64^\circ\, 37' \qquad = \overline{1},9559089 \qquad\qquad (\text{diff. } 600)$$
$$\text{pour} \qquad\qquad 16'' = \qquad\quad 160 \qquad\qquad \frac{600 \times 16}{60} = 160.$$
$$\overline{\text{log sin } 64^\circ\, 37'\, 16''} = \overline{1},9559249$$

Par un raisonnement identique, on trouve

$$\text{log tang } 25^\circ\, 19'\, 35'',\, 7 = \overline{1},6751049.$$

Exemple II. Trouver le logarithme de cosinus $38^\circ\, 54'\, 13'',4$.

Lorsqu'un arc augmente, son cosinus diminue. Or, on **a**

$$\text{log cos } 38^\circ\, 54' = \overline{1},8911153$$

et

$$\text{log cos } 38^\circ\, 55' = \overline{1},8910133.$$

La différence entre ces logarithmes est **égale à 1020 unités** du 7e ordre décimal. On dira donc, comme plus haut : si pour $1'$ ou $60''$ le logarithme diminue de 1020 unités, pour $1''$ le logarithme diminuera **de 60 fois moins ou de** $\dfrac{1020}{60}$, et pour $13'',4$, il diminuera de $\dfrac{1020 \times 13,4}{60} = 227,8$, **ou mieux 228.**

Donc
$$\text{log cos } 38^\circ\, 54'\, 13'',4 = \overline{1},8911153 - 0,0000228 = \overline{1},8910925.$$

Type du calcul.

$$\text{log cos } 38^\circ\, 54' \qquad = \overline{1},8911153 \qquad\qquad (\text{diff. } 1020)$$
$$\text{pour} \qquad\qquad 13'',4 \qquad\quad - \quad 228 \qquad\qquad \frac{1020 \times 13,4}{60} = 228.$$
$$\overline{\text{log cos } 38^\circ\, 54'\, 13'',4} = \overline{1},8910925$$

De même que pour le cosinus, *lorsqu'un arc augmente, sa cotangente diminue.* Par un raisonnement identique au précédent, on trouvera donc

$$\text{log cotg } 75^\circ\, 21'\, 17'',3 = \overline{1},4172404 - 0,0000628 = \overline{1},4171776.$$

44. 2ᵉ Problème. — *Trouver l'arc correspondant au logarithme donné d'une ligne trigonométrique.*

1er Cas. — *Le logarithme donné se trouve dans la table.*
Afin de faciliter les recherches, nous ferons remarquer qu'on a

$$\text{log sin } 45^\circ = \text{log cos } 45^\circ = \overline{1},8494850$$

et

$$\text{log tang } 45^\circ = \text{log cotg } 45^\circ = \text{log } 1 = 0.$$

Exemple I. Trouver l'arc dont le logarithme-sinus est donné. Soit

$$log \sin x = \overline{1},6018600.$$

Ce logarithme étant inférieur à $\overline{1},8494850$, l'arc x correspondant est inférieur à 45° : le nombre de degrés de cet arc se trouvera donc en haut de la page, hors du cadre, et le nombre de minutes dans la 1ʳᵉ colonne à gauche. Pour déterminer x rapidement, on commence par chercher les deux premiers chiffres, $\overline{1}$, 6...., du logarithme donné. On trouve ainsi sans difficulté

$$x = 23° 34'.$$

Exemple II. Trouver l'arc dont le logarithme-cosinus est donné. Soit

$$log \cos x = \overline{1},6458081.$$

Ce logarithme étant inférieur à $\overline{1},8494850$, l'arc x correspondant est supérieur à 45° (n° 43, 2ᵉ *Cas, Exemple II*). Le nombre de degrés de cet arc se trouvera donc en bas de la page, hors du cadre, et le nombre de minutes dans la 1ʳᵉ colonne à droite. Si, pour déterminer x, on procède comme dans le 1ᵉʳ exemple, on a immédiatement

$$x = 63° 9'.$$

Exemple III. Trouver l'arc dont le logarithme-tangente est donné. Soit

$$log \tan g \, x = 0,6207606.$$

Ce logarithme étant supérieur à 0, l'arc x correspondant est supérieur à 45°.
On trouve

$$x = 76° 32'.$$

Exemple IV. Trouver l'arc dont le logarithme-cotangente est donné. Soit

$$log \cot g \, x = 0,4659084.$$

Ce logarithme étant supérieur à 0, l'arc x correspondant est inférieur à 45° (n° 43).
On trouve

$$x = 18° 53'.$$

2ᵉ Cas. — *Le logarithme donné ne se trouve pas dans la table.*

Exemple I. Trouver x, pour le cas où l'on a

$$log \sin x = \overline{1},7207635.$$

Comme ce logarithme est inférieur à $\overline{1},8494850$, l'arc x correspondant est inférieur à 45°. On cherche, ainsi que dans le

1er cas, le logarithme qui approche le plus *par défaut* du logarithme donné : on trouve $\overline{1},7207538$, qui correspond à l'arc de 31° 43'. La différence entre ce logarithme et le proposé est égale à 97 unités du 7e ordre décimal. La différence tabulaire, entre les deux logarithmes successifs qui comprennent l'angle donné, est égale à 2043. On peut donc faire le raisonnement suivant : si 2043 unités correspondent à une différence de 1' ou 60" entre les arcs, 1 unité correspondra à une différence 2043 fois plus petite, ou a $\frac{60}{2043}$, et 97 unités correspondront à $\frac{60 \times 97}{2043}$. Effectuant, on trouve 2",8 environ.

On a donc

$$x = 31° \ 43' \ 2",8.$$

Type du calcul.

$$log \ sin \ x = \overline{1},7207635$$

pour $\overline{1},7207538$	38° 43'	
pour 97		2",8

$$x = 38° 43' \ 2",8$$

(diff. 2043)
$$\frac{60 \times 97}{2043} = 2",8.$$

On verrait de même que pour

$$log \ tang \ x = 0,6211084,$$

on a

$$x = 76° \ 32' \ 37",4.$$

Exemple II. Trouver x, pour le cas où l'on a

$$log \ cos \ x = \overline{1},7885423.$$

Ce logarithme est inférieur à $\overline{1},8494850$, donc (n° 43) x est supérieur à 45°. On cherche le logarithme qui approche le plus *par excès* du logarithme donné. On trouve $\overline{1},7886944$, qui correspond à l'arc de 52° 4'. La différence entre ce logarithme et le proposé est 1521. La différence tabulaire est 1621. Si 1621 correspondent à 1' ou 60", 1 correspond à $\frac{60}{1621}$ et 1521 correspondent à $\frac{60 \times 1521}{1621} = 56",3$. On a donc

$$x = 52° \ 4' \ 56",3.$$

Type du calcul.

$$log \ cos \ x = \overline{1},7885423$$

pour $\overline{1},7886944$	52° 4'	
pour 1521		56",3

$$x = 52° 4' 56",3$$

(diff. 1621)
$$\frac{60 \times 1521}{1621} = 56",3.$$

On verrait de même que, pour

$$log\ cotg\ x = 0,0863133,$$

on a

$$x = 39° 20' 36'',7.$$

45. Remarque I. — C'est au delà de 2° seulement que les différences entre les logarithmes sont sensiblement proportionnelles aux différences entre les arcs. Aussi n'est-ce qu'à partir de 2°, excepté pour le cosinus, que ces différences figurent sur la table ; et même, pour les arcs au-dessous de 2°, les différences relatives aux cosinus ne peuvent également guère servir à déterminer les secondes, puisqu'elles sont très petites et qu'on ne peut pas compter sur l'exactitude de leur dernier chiffre.

Dans les cas fort rares où l'on a besoin de déterminer les logarithmes du sinus et de la tangente d'un arc au-dessous de 2°, on peut admettre que *les arcs sont proportionnels à ces lignes trigonométriques.*

Exemple. Trouver logarithme-sinus 1° 17' 44'',7.
On admet que

$$\frac{log\ sin\ 1° 17' 44'',7}{log\ sin\ \ \ \ 1° 18'} = \frac{1° 17' 44'',7}{1° 18'}.$$

Si l'on réduit les deux arcs en dixièmes de seconde, il vient

$$\frac{log\ sin\ 1° 17' 44'',7}{log\ sin\ \ \ \ 1° 18'} = \frac{46647}{46800} :$$

d'où

$$log\ sin\ 1°17' 44'',7 = log\ sin\ 1°18' + log\ 46647 - log\ 46800.$$

Or,

$$log\ sin\ 1° 18' = \overline{2},3557835$$
$$log\ 46647 = \overline{4},6688237$$
$$colog\ 46800 = \overline{5},3297541$$

donc

$$log\ sin\ 1° 17' 44'',7 = \overline{2},3543613.$$

Nous avons pris pour dénominateur *sin* 1° 18', parce qu'il se rapproche plus du sinus proposé que *sin* 1° 17'.

Un calcul tout à fait semblable donnerait le logarithme de la tangente.

Si l'on voulait avoir le logarithme du cosinus ou de la cotangente d'un petit arc, on commencerait par déterminer, comme nous venons de le faire, le logarithme de son sinus et de sa tangente, et l'on obtiendrait ensuite les logarithmes du cosinus et de la cotangente du même arc à l'aide des deux formules connues

$$cos\ a = \frac{sin\ a}{tg\ a} \qquad\qquad cotg\ a = \frac{1}{tg\ a}.$$

Remarque II. — Il est facile de déterminer les logarithmes des lignes trigonométriques des arcs de 88° à 90°, car le calcul revient évidemment à trouver les logarithmes des lignes trigonométriques pour les arcs au-dessous de 2°.

Remarque III. — Enfin, disons encore que c'est au moyen de la proportionnalité admise plus haut (**Remarque I**) que l'on détermine la valeur d'un petit arc quand on connaît le logarithme de sa ligne trigonométrique.

Disposition et usage des grandes Tables.

45 *bis.* La disposition des grandes tables, soit de M. Dupuis, soit de Callet, est également très simple. Une première table contient les logarithmes des sinus et des tangentes de seconde en seconde, calculés avec sept décimales pour les cinq premiers degrés ; et comme le sinus ou la tangente d'un angle est égal au cosinus ou à la cotangente de son complément, cette table donne aussi les cosinus et les cotangentes des angles de 85° à 90°.

Une seconde table contient les logarithmes des sinus, cosinus, tangentes et cotangentes de 10″ en 10″ pour tous les degrés du quadrant.

La méthode que nous indiquons plus haut (numéro précédent) peut suppléer à la première table.

On se sert des grandes tables comme de la nôtre ; la seule différence qu'il y ait, c'est que dans les grandes tables la progression arithmétique des arcs a pour raison 10″, et dans la nôtre elle a pour raison 1′.

Les tables de M. Dupuis contiennent les calculs des parties proportionnelles des différences pour 1, 2, 3....., 9 secondes.

Nota. — Notre *Table de logarithmes* a été publiée après notre *Cours de Trigonométrie*, c'est pour ce motif que la plupart des questions de ce cours sont résolues à l'aide des grandes tables.

EXERCICES

Trouver les logarithmes de :

100. *sin* 3°

101. *sin* 38°24.

102. *sin* 44°18′20″.

103. *sin* 28°0′34″.

104. *sin* 46°12′38″,86.

105. *sin* 82°0′34″.

106. *sin* 89°15′27″.

107. *sin* 0°32′29″,16.

108. *sin* 145°23′12″,87.

109. *cos* 2°

110. *cos* 35°27′.

111. *cos* 44°58′50″,

112. *cos* 32°0′27″.

113. *cos* 46°12′49″,77.

114. *cos* 83°0′58″.

115. *cos* 89°0′26″.

116. *cos* 1°28′17″

117. *cos* 127°17′20″.

Trouver les logarithmes de

118. $tg\ 12°$.

119. $tg\ 28°11$.

120. $tg\ 39°17'20''$.

121. $tg\ 44°59'25'',37$

122. $tg\ 90°$.

123. $tg\ 0°23'42''89$.

124. $tg\ 120°17'30''$.

125. $cot\ 45°$

126. $cot\ 46°0'59''$.

127. $cot\ 44°28'19''29$.

128. $cot\ 89°12'32''$.

129. $cot\ 0°0'58''7$.

130. $cot\ 0°$.

131. $cot\ 130°0'20''$.

Trouver les angles correspondants à :

132. $\log \sin x = \overline{1},6418420$.

133. $\log \sin x = \overline{1},6967745$.

134. $\log \sin x = \overline{1},9716427$.

135. $\log \sin x = \overline{2},7468015$.

136. $\log \sin x = \overline{3},9550819$.

137. $\log \sin x = \overline{2},8125359$.

138. $\log \sin x = \overline{1},7207635$.

139. $\log \sin x = \overline{1},7867869$.

140. $\log \sin x = -\infty$.

141. $\log \sin x = 0$

142. $\log \cos x = \overline{1},9916991$.

143. $\log \cos x = \overline{1},9542129$.

144. $\log \cos x = \overline{1},8810095$.

145. $\log \cos x = \overline{1},9094771$.

146. $\log \cos x = \overline{3},4564263$.

147. $\log \cos x = \overline{1},7846790$

148. $\log tg\ x = \overline{1},6318782$.

149. $\log tg\ x = \overline{2},7868315$.

150. $\log tg\ x = \overline{3},4709060$

151. $\log tg\ x = 0,1146511$

152. $\log tg\ x = 0$

153. $\log tg\ x = \infty$.

154. $\log tg\ x = -\infty$.

155. $\log cot\ x = 0,7611282$.

156. $\log cot\ x = \overline{1},2131685$.

157. $\log cot\ x = \overline{4},0133951$.

158. $\log cot\ x = \overline{4},1626961$.

159. $\log cot\ x = \overline{1},4667888$.

160. $\log cot\ x = 0,1473895$.

Trouver la valeur de l'angle x dans les équations suivantes :

161. $\sin x = \dfrac{2}{3}$.

162. $\sin x = 0,6$.

163. $\sin^2 x = 0,34$.

164. $\sin x = \sqrt{\dfrac{3}{4}}$.

165. $\sin x = \cos x$.

166. $\sin x = \dfrac{\sqrt{2}}{\sqrt{3}}$.

167. $\cos x = -\dfrac{2}{3}$.

168. $\sin x = 3 \cos x$.

169. $tg\ x = 7 \sin x$.

170. $séc\ x = \dfrac{9}{n}$.

171. $coséc\ x = \dfrac{4}{3}$.

172. $\dfrac{\sin x}{\cos x} = 1$.

173. $\dfrac{\cos x}{\sin x} = 2,3$.

174. $séc^2 x = 3$

175. $tg\ x = -\dfrac{16}{15}$.

176. $cot\ x = -\dfrac{8}{9}$.

177. $séc\ x = \sin x + \cos x$.

178. $tg\ x = \sin 30°18' + \cos 62$.

179. $\sin x + 2,7 \cos x = 0$.

180. $\sin x + \cos x = 1,14$.

RELATIONS ENTRE LES COTÉS ET LES ANGLES D'UN TRIANGLE

46. On désigne toujours les trois angles d'un triangle par A, B, C, et les côtés opposés par *a*, *b*, *c*.

47. A partir de ce moment nous substituerons (n° 5) le mot *angle* au mot *arc*.

RELATIONS ENTRE LES ANGLES ET LES COTÉS D'UN TRIANGLE RECTANGLE

48. Théorème. *Chaque côté de l'angle droit est égal à l'hypoténuse multipliée par le sinus de l'angle opposé, ou par le cosinus de l'angle adjacent.*

$$b = a \sin B = a \cos C \;;\; c = a \sin C = a \cos B.$$

Soit le triangle ABC.

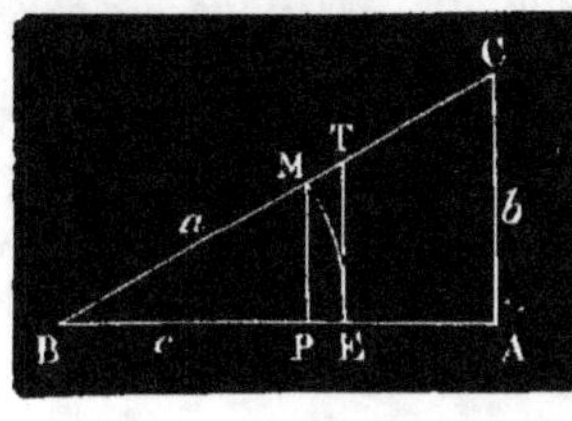

Fig. 8

Du sommet B, comme centre, avec l'unité linéaire pour rayon, décrivons un arc de cercle ME, compris entre les côtés de l'angle B, et menons la perpendiculaire MP : MP = *sin* B.

La similitude des triangles BCA, BMP donne

$$\frac{CA}{MP} = \frac{BC}{BM}, \text{ ou } \frac{b}{\sin B} = \frac{a}{1} :$$

d'où $$b = a \sin B$$

Les angles B et C étant complémentaires, *sin* B = *cos* C, on a donc : $b = a \sin B = a \cos C$ (55) et de même $c = a \sin C = a \cos B$,

49. Corollaire. Des égalités $b = a \sin B$ et $c = a \cos B$, on tire par division :

$$\frac{b}{c} = \frac{a \sin B}{a \cos B} = tg\, B : \text{ d'où } b = c\, tg\, B,$$

ce que nous allons encore démontrer directement.

50. Théorème. *Chaque côté de l'angle droit est égal à l'autre côté multiplié par la tangente de l'angle opposé, ou par la cotangente de l'angle adjacent.*

$$b = c \; tg \; B = c \; cot \; C; \quad c = b \; tg \; c = b \; cot \; B.$$

Soit le triangle BAC (fig. 8). Menons la tangente ET de l'angle B. La similitude des triangles BAC et BET donne :

$$\frac{AC}{ET} = \frac{BA}{BE}, \text{ ou } \frac{b}{tg \; B} = \frac{c}{1} :$$

d'où
$$b = c \; tg \; B.$$

Les angles B et C étant complémentaires, $tg \; B = cot \; C$, on a

donc : $b = c \; tg \; B = c \; cot \; C$ (56), et de même $c = b \; tg \; C = b \; cot \; B$.

RELATIONS ENTRE LES ANGLES ET LES COTÉS D'UN TRIANGLE QUELCONQUE

51. Théorème. *Dans tout triangle rectiligne les côtés sont proportionnels aux sinus des angles opposés.*

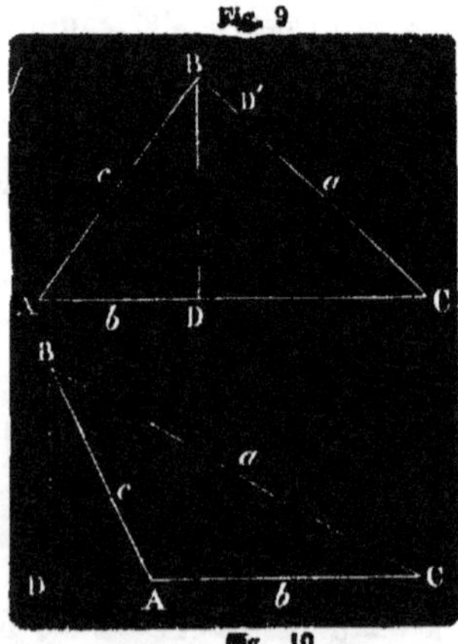

$$\frac{a}{sin \; A} = \frac{b}{sin \; B} = \frac{c}{sin \; C}.$$

Soit le triangle ABC. Abaissons la perpendiculaire BD : le triangle ABD donne (n° 40) $BD = c \; sin \; A$, et le triangle BDC, $BD = a \; sin \; C$. De ces deux valeurs de BD on déduit l'égalité $c \; sin \; A = a \; sin \; C$,

d'où
$$\frac{a}{sin \; A} = \frac{c}{sin \; C}.$$

Si l'on mène une perpendiculaire AD' par un autre sommet A, on trouve de même :

$$\frac{c}{sin \; C} = \frac{b}{sin \; B} : \text{ donc enfin } \frac{a}{sin \; A} = \frac{b}{sin \; B} = \frac{c}{sin \; C}$$

52. Remarque. Si le triangle a un angle obtus, on trouve la même relation, car on a :

$$BD = c \ sin \ BAD,$$

$$BD = a \ sin \ C.$$

Or, les deux angles BAD et BAC, étant supplémentaires, ont le même sinus et l'on peut dans l'égalité $BD = c \ sin \ BAD$ remplacer *sin* BAD par *sin* BAC. Le théorème est donc vrai dans tous les cas.

53. Théorème. *Dans tout triangle rectiligne le carré de l'un des côtés est égal à la somme des carrés des deux autres côtés, moins deux fois le produit de ces deux derniers par le cosinus de l'angle qu'ils comprennent.*

$$a^2 = b^2 + c^2 - 2 \ b \ c \ cos \ A.$$

Soit le triangle ABC (fig. 9). Supposons l'angle A aigu et BD perpendiculaire sur AC. La géométrie donne (n° 233)

$$a^2 = b^2 + c^2 - 2 \ b \times AD.$$

Or (n° 48), $AD = c \ cos \ A$. Remplaçant AD par sa valeur, il vient :

$$a^2 = b^2 + c^2 - 2 \ b \ c \ cos \ A.$$

Le théorème est encore vrai lorsque l'angle A est obtus (fig. 10). Dans ce cas, la géométrie donne (n° 235) $a^2 = b^2 + c^2 + 2 \ b \times AD$.

Or, $AD = c \ cos \ DAB$, mais $cos \ DAB = - cos \ A$, puisque les angles DAB et A sont supplémentaires, on a par conséquent $AD = c \times - cos \ A = - c \ cos \ A$. Remplaçant AD par cette valeur on obtient
$$a^2 = b^2 + c^2 - 2 \ b \ c \ cos \ A.$$

Si l'on considère les trois angles du triangle, on trouvera les relations suivantes :

$$a^2 = b^2 + c^2 - 2 \ b \ c \ cos \ A, \qquad (58)$$

$$b^2 = a^2 + c^2 - 2 \ a \ c \ cos \ B, \qquad (59)$$

$$c^2 = a^2 + b^2 - 2 \ a \ b \ cos \ C. \qquad (60)$$

RÉSOLUTION DES TRIANGLES RECTANGLES.

54. Nous désignerons toujours l'hypoténuse par *a.*

55. Quatre cas se présentent dans la résolution des triangles rectangles.

56. 1er *Cas. — On donne a et* B, *calculer* C, b, c *et* S.

On a (no 48) : 1o $C = 90^o - B$; 2o $b = a \sin B$; 3o $c = a \cos B$.

4o Pour la surface de tout triangle rectangle on a $S = \frac{1}{2} b c$.
En remplaçant *b* et *c* par leurs valeurs il vient :

$$S = \frac{1}{2} a \sin B \times a \cos B = \frac{1}{2} a^2 \sin B \cos B.$$

En appliquant les log. à ces formules on obtient :

2o $\log b = \log a + \log \sin B$

3o $\log c = \log a + \log \cos B$

4o $\log S = 2 \log a + \log \sin B + \log \cos B - \log 2$

57. 2e *Cas. — On donne a et b, calculer c,* B, C *et* S.

On a : 1o $c^2 = a^2 - b^2 = (a + b)(a - b)$;

2o $b = a \cos C$: d'où $\cos C = \dfrac{b}{a}$;

3o $B = 90^o - C$

4o $S = \frac{1}{2} b c = \frac{1}{2} b \times a \cos B = \frac{1}{2} a b \cos B.$

En appliquant les log. à ces formules, il vient

1o $\log c = \frac{1}{2}[\log(a+b) + \log(a-b)]$;

2o $\log \cos C = \log b - \log a$

3o $\log S = \log a + \log b + \log \cos B - \log 2.$

On pourrait encore calculer *c* en posant :

$c = a \cos B$; d'où $\log c = \log a + \log \cos B.$

58. Remarque. Lorsque la différence entre *c* et *b* est très-petite, le rapport $\frac{b}{a}$ diffère très-peu de l'unité, et par suite l'angle est très-petit; il est alors impossible de le déterminer avec précision, parce que, comme on peut le voir dans les tables, les différences des log. des cosinus des arcs très-petits sont trop petites pour qu'on puisse compter sur une approximation suffisante pour la valeur de l'angle. Il est donc mieux de calculer C de la manière suivante :

De $\cos C = \frac{b}{a}$ on tire :

$$1 - \cos C = 1 - \frac{b}{a} = \frac{a-b}{a},$$

et

$$1 + \cos C = \frac{b}{a} + 1 = \frac{b+a}{a},$$

d'où

$$\frac{1 - \cos C}{1 + \cos C} = \frac{a-b}{b+a};$$

mais (n° 24) $1 - \cos C = 2 \sin^2 \frac{1}{2} C$ et $1 + \cos C = 2 \cos^2 \frac{1}{2} C$,

donc :

$$\frac{2 \sin^2 \frac{1}{2} C}{2 \cos^2 \frac{1}{2} C} = tg^2 \frac{1}{2} C = \frac{a-b}{a+b},$$

$$tg \frac{1}{2} C = \sqrt{\frac{a-b}{a+b}}.$$

Par suite $\log tg \frac{1}{2} C = \frac{1}{2} [\log (a-b) - \log (b+a)].$

59. *3e Cas. — On donne* b *et* B, *calculer* C, a, c *et* S.

On a :   1° $C = 90° - B$;

2° $b = a \sin B$: d'où $a = \frac{b}{\sin B}$;

3° $c = b \cot B$;

4° $S = \frac{1}{2} b c = \frac{1}{2} b \times b \cot B = \frac{1}{2} b^2 \cot B.$

Appliquant les log. aux trois dernières formules, il vient :

2° $\log a = \log b - \log \sin B$;

$3^o \quad log\ c = log\ b + log\ cot\ B$;

$4^o \quad log\ S = 2\ log\ b + log\ cot\ B - log\ 2$.

60. *4e Cas. — On donne* b *et* c, *calculer* B, C, a *et* S.

On a : $1^o \quad b = c\ tg\ B$: d'où $tg\ B = \dfrac{b}{c}$;

$2^o \quad c = b\ tg\ C$: d'où $tg\ C = \dfrac{c}{b}$;

$3^o \quad b = a\ sin\ B$: d'où $a = \dfrac{b}{sin\ B}$;

$4^o \quad S = \dfrac{b\,c}{2}$.

Appliquant les log. on obtient :

$1^o \quad log\ tg\ B = log\ b - log\ c$;

$2^o \quad log\ tg\ C = log\ c - log\ b$;

$3^o \quad log\ a = log\ b - log\ sin\ B$;

$4^o \quad log\ S = log\ b + log\ c - log\ 2$.

61. Remarque. Connaissant B on aurait pu déterminer C par la relation $C = 90^o - B$; mais il est préférable de déterminer C par la formule $tg\ C = \dfrac{b}{c}$. En opérant ainsi, on a des valeurs pour B et C qui se vérifient mutuellement, car on doit avoir $B + C = 90^o$.

APPLICATIONS (*)

1er Cas — On donne $a = 578{,}25$, $B = 38^o 51' 23''$, *calculer* C, b, c et S.

DONNÉES	RÉSULTATS
$a = 578{,}25$	$C = 51^o 8' 37''$
$B = 38^o 51' 23''$	$b = 362{,}777$
	$c = 450{,}295$
	$S = 81678^{mq}{,}3740$

NOTA. — Voici deux valeurs d'un fréquent usage :

$$log\ 2 = 0{,}3010300$$

et (Algèbre n° 239) $-log\ 2 = \overline{1}{,}6989700$

(*) Nous conseillons aux praticiens la *Table Trigonométrique* de M. Edouard GILLET. Cette Table donne instantanément, sans autre calcul qu'une simple addition, la solution d'un triangle rectangle dont on connaît un angle et l'hypoténuse et réciproquement

1° Calcul de C

$$C = 90° - B$$

$$90° = 89°59'60''$$
$$B = 38°51'23''$$
$$\overline{C = 51°\ 8'37''}$$

2° Calcul de *b*

FORMULES $\begin{cases} b = a \sin B \\ \log b = \log a + \log \sin B \end{cases}$

VALEUR DE *b*			CALCUL DE *log a*	
$\log a = 2,7621156$			$\log 578,25 = 2,7621156$	
$\log \sin B = \bar{1},7975241$			CALCUL DE *log sin B*	
$\log b = 2,5596397$			$B = 38°51'23''$	
pour	2,5596314	362,77	$\lg \sin 38°51'20'' = \bar{1},7975163$	(d261)
pour	83	7	pour 3''	78,3
	$b = 362^m,777$		$\lg \sin 38°51'23'' = \bar{1},7975241$	

3° Calcul de *c*

FORMULES $\begin{cases} c = a \cos B \\ \log c = \log a + \log \cos B \end{cases}$

VALEUR DE *c*			CALCUL DE *log a* ; $a = 578,25$	
$\log a = 2,7621156$			$\log a = 2,7621156$	
$\log \cos B = \bar{1},8913818$			CALCUL DE *log cos B*	
$\log c = 2,6534974$			$B = 38°51'23''$	(diff. 169)
pour	2,6534923	450,29	(n°42, $\log 38°51'30'' = \bar{1},8913700$	
pour	51	5	pour $-7''$ =	118
	$c = 450^m,295$		$\log \cos 38°51'23'' = \bar{1},8913818$	

4 Calcul de S

FORMULES $\begin{cases} S = \tfrac{1}{2} a^2 \sin B \cos B \\ \log S = 2 \log a + \log \sin B + \log \cos B - \log 2 \end{cases}$

VALEUR DE S

$2 \log a = 5,5242312$		
$\log \sin B = \bar{1},7975241$		
$\log \cos B = \bar{1},8913818$		
$-\log 2 = \bar{1},6989700$		
$\log S = 4,9121071$		
pour	4,9121054	81678
pour	20	0 , 3740
		$S = 81678^{mq},3740$

Remarque. Il est toujours nécessaire de vérifier les résultats que l'on obtient, et pour cela on a différents moyens à sa disposition, par exemple on prend pour inconnue une des données de la question, ou on détermine la même inconnue par deux procédés différents, etc.

Si l'on veut, je suppose, vérifier les résultats précédents, on calculera C à l'aide de *b* et *c*.

De $$c = b \, tg \, C,$$
on tire $$\log tg \, C = \log c - \log b$$

VALEUR DE C			
$\log c = 2,6534974$			$\log c = 2,6534974$
$-\log b = \bar{3},4403603$			$\log b = 2,5596397$
$\log tg \, C = \overline{0,0938577}$	(diff. 431)		$-\log b = 3,4403603$
pour 0,0938276		51°8′30″	
pour	3010	6	
pour	4240	0 ,9	
pour	3610	0 ,08	
	C=	51°8′36″,98	(Différence 0″,92)

Vérification pour S

$$S = \frac{1}{2} bc :$$

$$\log S = \log b + \log c - \log 2$$

$$\log b = 2,5596397$$
$$\log c = 2,6534974$$
$$-\log 2 = \bar{1},6989700$$
$$\log S = \overline{4,9121071}$$ *Log déjà trouvé*

On aurait pu encore multiplier directement *b* par *c*, et prendre la moitié du produit.

68. *2e Cas. — On donne* a=94828,45, b=62743,34 : *calculer* c, B, C *et* S.

DONNÉES	RÉSULTATS
$a = 94828,45$	$c = 71102^{m},16$
$b = 62743,34$	$B = 41°25'36'',16$
	$C = 48°34'23'',84$
	$S = 2230608205^{mq}$

1° Calcul de c

$$\text{FORMULES} \begin{cases} c^2 = a^2 - b^2 = (a+b)(a-b) \\ log\ c = \frac{1}{2}[log(b) + \omega + log\ (a-b)] \end{cases}$$

VALEUR DE c	CALCUL DE $(a+b)$ ET DE $(a-b)$

VALEUR DE c

$lg\frac{1}{2}(a+b) = 2,5987405$

$lg\frac{1}{2}(a-b) = 2,2531450$

$\quad log\ c = 4,8518855$

pour $\quad\quad 4,851881871102$

pour $\quad\quad\quad\quad 37 \quad\quad 0,6$

$\quad\quad\quad c = 74102^m,6$

CALCUL DE $(a+b)$ ET DE $(a-b)$

$a = \ \ 94828,45$
$b = \ \ 62744,34$

$a+b = 157572,79$
$a-b = \ \ 32084,11$

CALCUL DE $log\ (a+b)$ ET DE $log\ (a-b)$

$log\ 157570 \ \ \ = 5,1974735$
pour $\quad\quad 2 \quad\quad\quad\quad 55$
pour $\quad\quad 0,7 \quad\quad\quad 19$
pour $\quad\quad 0,09 \quad\quad\quad 2$

$log\ (a+b) = 5,1974811$

$log\frac{1}{2}(a+b) = 2,5987405$

CALCUL DE $log\ (a-b)$

$log\ 32084 = 4,5062885$
pour $\quad\quad 0,1 \quad\quad\quad 14$
pour $\quad\quad 0,01 \quad\quad\quad 1$

$log\ (a-b) = 4,5062900$

$log\frac{1}{2}(a-b) = 2,2531450$

2° Calcul de C

$$\text{FORMULES} \begin{cases} tg\frac{1}{2}C = \sqrt{\dfrac{a-b}{a+b}}. \\ log\ tg\frac{1}{2}C = \frac{1}{2}[log(a-b) - log(a+b)] \end{cases}$$

VALEUR DE C

$log\ 1/2\ (a-b) = 2,2531450$
$-log\ 1/2\ (a+b) = \overline{3},4012595$

$log\ tg\ 1/2\ C = \overline{1},6544045 \quad\quad\quad (\text{diff. } 561)$

pour $\quad\quad \overline{1},6543937 \quad\quad 24°17'10''$
id $\quad\quad\quad\quad 1080 \quad\quad\quad\quad 1''$
id $\quad\quad\quad\quad 5190 \quad\quad\quad\quad 0'',9$
id $\quad\quad\quad\quad 1410 \quad\quad\quad\quad 0'',02$

$\quad\quad 1/2\ C = 24°17'11'',92$
$\quad\quad\quad\quad C = 48°34'23'',84$

3° Calcul de B

$$B = 90° - C$$
$$90° = 89°59'60''$$
$$C = 48°34'23'',84$$
$$\overline{B = 41°25'36'',16}$$

4° Calcul de S

FORMULES $\begin{cases} S = 1/2\ ab\ \cos B. \\ \log S = \log a + \log b + \log \cos B - \log 2. \end{cases}$

VALEUR DE S

$\log a = 4,9769386$
$\log b = 4,7975677$
$\lg \cos B = \bar{1},8749470$
$-\lg 2 = \bar{1},6989700$
$\overline{\log S = 9,3484233}$
pour 9,3484217   22306
pour   16   08205
$S = \overline{2230608205^{mq}}$

CALCUL DE LOG a: $a = 94828,45$
$\log 94828 = 4,9769366$ (d 46)
pour   0,4   18
pour   0,05   2
$\overline{\log a = 4,9769386}$

CALCUL DE LOG b : $b = 62743,34$
$\log 62743 = 4,7975653$ (d 69)
pour   0,3   21
pour   0,04   3
$\overline{\log b = 4,7975677}$

CALCUL DE LOG COS B
$$B = 41°25'36'',16$$
$\lg \cos 41°25'40'' = \bar{1},8749399$ d.185
pour   −3''   55,5
pour   −0''8   14,8
pour   −0''04   0,7
$\overline{\log \cos B = \bar{1},8749470,}$

Vérification

$$a = \frac{c}{\cos B}.$$

$$\log a = \log c - \log \cos B.$$

VALEUR DE a

$\log c = 4,8518855$
$-\log \cos B = 0,1250530$
$\overline{\log a = 4,9769385}$
Log. déjà trouvé

$\log c = 4,8518855$
$\log \cos B = \bar{1},8749470$
$-\log \cos B = 0,1250530$

Vérification pour S

$$S = 1/2\ bc.$$
$$\log S = \log b + \log c - \log 2.$$
$\log b = 4,7975677$
$\log c = 4,8518855$
$-\log 2 = \bar{1},6989700$
$\overline{\log S = 9,3484232.}$ *Log déjà trouvé.*

64. *3e Cas.* — *On donne* b$=5734^m,25$; B$=37°29'12''$: *calculer* C, a, c *et* S.

DONNÉES		RÉSULTATS
$b=5734,25$		$C=52°30'48''$
$B=37°29'12''$		$a=9422^m,39$
		$c=7476^m,62$
		$S=2143640^{mq}$

Usage des petites Tables à 7 décimales

1° Calcul de C

$$C=90°-B$$
$$90°=89°59'60''$$
$$B=37°29'12''$$
$$\overline{C=52°30'40''}$$

2° Calcul de a

FORMULES $\begin{cases} a=\dfrac{b}{\sin B}. \\ \log a=\log b-\log \sin B. \end{cases}$

VALEUR DE a

$\log b=3,7584766$
$-lg \sin B=0,2156847$
$\overline{\log a=3,9741613}$ (d. 461)
pour 3,9741431 9422^m
pour 182 $0,39$
$\overline{a=9422^m,39}$

CALCUL DE b; $b=5734,25$ (d.757)
$\log 5734 \quad =3,7584577$
pour 0,2 151,4
pour 0,05 37,8
$\overline{\log b=3,7584766}$

CALCUL DE $\log \sin$ B
$B=37°29'12''$
Pr. $37°29'=\bar{1},7842824$ (d.1647)
pour $12''$ 329,4
$\overline{[n°44]\, lg \sin B=\bar{1},7843153}$
$-\log \sin B=0,2156847$

3° Calcul de c

FORMULES $\begin{cases} c=b \cot B \\ \log c=\log b+\log \cot B. \end{cases}$

VALEUR DE c

$\log b=3,7584766$
$\log \cot B=0,1152288$
$\overline{\log c=3,8737054}$ (d. 581)
pour 3,8736693 7476^m
pour 361 $0,62$
$\overline{c=7476^m,62}$

CALCUL DE $\log \cot$ B
$B=37°29'12''$
$\cot 37°30' \quad =0,1150195$ d.2616
pour $-48''$ 2093
$\overline{\log \cot B=0,1152288}$

4° Calcul de S

FORMULES
$$\begin{cases} S=\dfrac{1}{2}b^2 \cot B. \\ \log S = 2 \log b + \log \cot B - \log 2 \end{cases}$$

VALEUR DE S

$$2 \log b = 7,5169532$$
$$\log \cot B = 0,1152288$$
$$- \log 2 = \overline{1},6989700$$

$$\log S = 7,3311520 \qquad (\text{diff. } 2026)$$
$$\text{pour} \quad 3,3310222 \qquad 2143$$
$$\text{pour} \qquad\qquad 1298 \qquad\qquad 6410$$

Par conséquent S $=21436410^{mq}$

Vérification

$$a = \frac{c}{\sin C}.$$

$$\log a = \log c - \log \sin C.$$

VALEUR DE a

$$\log c = 3,8737054$$
$$- \log \sin C = 0,1004558$$
$$\log a = \overline{3,9741612}$$

Log trouvé plus haut

$$\log c = 3,8737054$$

CALCUL DE LOG SIN C

$$C = 52°30'48''$$

$$lg \sin 52°30' = \overline{1},8994667$$
$$\text{pour } 48'' \qquad\qquad 775$$

$$lg \sin 52°30'48'' = \overline{1},8995442$$
$$- lg \sin 52°30'48'' = 0,1004558$$

Vérification pour S

$$S = \frac{1}{2}bc.$$

$$\log S = \log b + \log c - \log 2$$

$$\log b = 3,7584766$$
$$\log c = 3,8737054$$
$$- \log 2 = \overline{1},6989700$$

$$\log S = 7,3311520. \text{ Log trouvé plus haut}$$

45. *4° Cas.* — *On donne* b $=52^m,34$, c $=28^m,80$: *calculer*
B, C, a *et* S.

DONNÉES	RÉSULTATS
$b=52^m,34$	$B=61°10'48'',8$
$c=28^m,80$	$C=28°49'18'',2$
	$a=59^m7404$
	$S=753^{mq},6985$

Usage des petites Tables à 7 décimales

1° Calcul de B

$$\text{FORMULES} \begin{cases} tg\ B = \dfrac{b}{c}. \\ log\ tg\ B = log\ b - log\ c. \end{cases}$$

VALEUR DE B

$log\ b = 1,7188337$

$log\ c = \overline{2},5406075$

$lg\ tg\,B = 0,2594412$ (diff. 2991)

pour   0,2592328 61°10′

pour   2084   41″ 8

$B = 61°10′41″,8$

CALCUL DE LOG b; $b = 52^m34$

$log\ 52\ 34 = 3,7188337$

$log\ 52,34 = 1,7188337$

CALCUL DE LOG c; $c = 28^m80$

$log\ 288 = 2,4593925$

$log\ 28,80 = 1,4593925$

$-log\ 28,80 = \overline{2},5406075$

2° Calcul de C

$$\text{FORMULES} \begin{cases} tg\ C = \dfrac{c}{b}. \\ log\ tg\ C = log\ c - log\ b. \end{cases}$$

VALEUR DE C

$log\ c = 1,4593925$

$-log\ b = \overline{2},2811663$

$lg\ tg\ C = \overline{1},7405588$ (diff. 2991)

pour $\overline{1}$,7404681 28°49′

pour   907   18″,2

$C = 28°49′18″,2$

$log\ c = 1,4593925$

$log\ b = 1,7188337$

$-log\ b = \overline{2},2811663$

3° Calcul de a

$$\text{FORMULES} \begin{cases} a = \dfrac{b}{sin\ B}. \\ log\ a = log\ b - log\ sin\ B. \end{cases}$$

VALEUR DE a

$log\ b = 1,7188337$

$-lg\ sin\,B = 0,0574345$

$log\ a = \overline{1},7762682$ (diff. 727)

pour   1,7762652 59,74

pour   30   04

$a = 59,7404$

CALCUL DE LOG SIN B

$B = 61°10′41″,8$

p^r 61°10′ $= \overline{1},9425170$ d.695

pour 41″,8   485

$log\ sin\ B = \overline{1},9425655$

$-log\ sin\ B = 0,0574345$

4° Calcul de S

$$\text{FORMULES} \begin{cases} S = \dfrac{b\,c}{2}. \\ log\ S = log\ b + log\ c - log\ 2. \end{cases}$$

$$\text{VALEUR DE } S$$

$$\log b = 1,7188337$$
$$\log c = 1,4593925$$
$$-\log 2 = \overline{1},6989700$$
$$\log S = \overline{2,8771962} \qquad \text{(d. 576)}$$
$$\text{pour} \quad 2,8771409 \qquad 753, \quad 6$$
$$\text{pour} \qquad\qquad 553 \qquad\qquad 0985$$
$$S = \overline{753^{mq},6985}$$

Vérification

$$c = a \sin C.$$
$$\log c = \log a + \log \sin C.$$

VALEUR DE c	CALCUL DE LOG SIN C
$\log a = 1,7762682$	$C = 28°49'18'',2$
$\log \sin C = \overline{1},6831244$	$lg\sin 28°49' = \overline{1},6830548\,(12295)$
$\log c = \overline{1,4593926}$	pour $\qquad 18''2 \qquad 696$
$Log\ trouvé\ plus\ haut.$	$\log \sin C = \overline{1},6831244$

Vérification pour S

On pourrait faire une vérification pour S soit en multipliant
directement b par c et en prenant la moitié du produit, soit en
se servant d'une des formules employées dans les trois cas
précédents.

EXERCICES

Triangles rectangles à résoudre. On calculera S.

NOTA. Les devoirs pourront être faits selon les modèles que nous avons donnés.

181 Données : $a = 878,92$; $B = 31°23'17'',8$.
182 — $a = 5724,19$; $b = 3518,45$.
183 — $b = 1801,79$; $B = 47°17'18'',3$.
184 — $b = 824,289$; $c = 628,451$.
185 — $c = 120$; $\dfrac{b}{a} = 0,6$.
186 — $a = 225$; $\dfrac{c}{b} = 0,75$.
187 — $a = 630$; $B - C = 6°18'16''$.
188 — $b = 320$; $\dfrac{B}{C} = \dfrac{7}{5}$.
189 Résoudre un triangle rectangle connaissant a et $b+c$.
190 — — a et le produit $b \times c$.
191 — — a et le rayon r du cercle inscrit.

EXERCICES DIVERS

192. Trouver la longueur d'une droite a faisant un angle de 22° 40′ avec sa projection, dont la longueur a 16 ^{m} 64 ?

193. Un rectangle a 120^m,40 de base et 70^m,18 de hauteur : quels sont les angles formés par la diagonale avec les côtés?

194. La diagonale d'un rectangle a 68^m,42. l'angle qu'elle forme avec la base est de 24°18′ : on demande la surface du rectangle.

195. Déterminer l'angle que fait le soleil avec l'horizon, lorsque l'ombre d'un style vertical est double de la hauteur du style.

196. Une corde sous-tendant un arc de 82° est à 20^m du centre : on demande la longueur de cette corde.

197. Calculer le volume d'un cône droit dans lequel le rayon de la base a 1^m et l'angle que fait l'arête avec cette base 27°17′.

198. Connaissant la longueur, 2^m,40, de l'arête d'un cône droit et l'angle, 22°, que cette arête fait avec l'axe, calculer le volume du cône (fig. 8).

199. Un triangle rectangle a une surface de 81678^m·, 3740, l'un de ses angles a 38°51′20″ : on demande les autres éléments de ce triangle

200. Etant donnée une corde de 437^m, 342 dans un cercle dont le rayon vaut 320^m, 853, calculer par logarithmes la distance de cette corde au centre.

201. Calculer le nombre de degrés, minutes et secondes contenus dans un arc de cercle, sachant que la corde qui le sous-tend est égale aux 3/5 du diamètre.

202. Trouver la surface S d'un polygone régulier de n côtés en fonction de R, rayon du cercle circonscrit.

203. Trouver la surface S d'un polygone régulier de n côtés en fonction du côté c.

204. Le rayon de la surface des mers, supposée sphérique, est de 6366198^m. On demande à quelle distance peut s'étendre en mer la vue d'un observateur élevé de 50^m au-dessus du niveau de l'Océan.

205. Un observateur placé à une hauteur de 120^m au-dessus du niveau de la mer, a trouvé que le rayon visuel aboutissant à l'horizon sensible faisait un angle de 89° 39′ avec la verticale. On demande la valeur approchée du rayon de la terre supposée sphérique.

206. Deux pentagones réguliers sont l'un inscrit à un cercle et l'autre circonscrit, la différence entre les périmètres des deux polygones est 1 mètre on demande l'aire du cercle.

RÉSOLUTION DES TRIANGLES QUELCONQUES

66. — Avant de nous occuper de la résolution des triangles quelconques, démontrons le théorème suivant.

67. — **Théorème.** *La surface d'un triangle est égale à la moitié du produit de deux côtés quelconques par le sinus de l'angle compris entre ces côtés.*

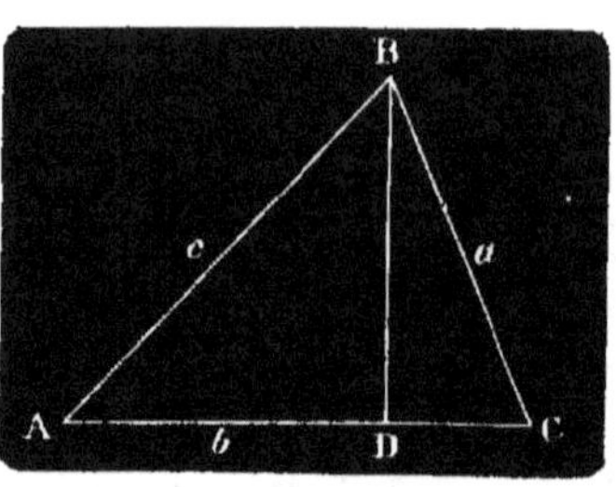

Fig. 11

Soit S la surface du triangle ABC. BD étant la perpendiculaire abaissée du sommet B sur AC, on a $S = \frac{1}{2} b \times BD$; mais $BD = c \sin A$: donc $S = \frac{1}{2} bc \sin A$.

Quatre cas se présentent aussi dans la résolution des triangles quelconques.

68. 1er Cas. — *On donne* a, B, C, *calculer* A, b, c *et* S.

1° $A = 180° - (B + C)$.

2° $\dfrac{b}{\sin B} = \dfrac{a}{\sin A}$: d'où $b = \dfrac{a \sin B}{\sin A}$.

3° $\dfrac{c}{\sin C} = \dfrac{b}{\sin A}$: d'où $c = \dfrac{a \sin C}{\sin A}$.

4°   On a (n° 67) $S = \frac{1}{2} bc \sin A$; mais $b = \dfrac{a \sin B}{\sin A}$.

et $c = \dfrac{a \sin C}{\sin A}$. Substituant ces valeurs de b et de c, il vient :

$$S = \frac{1}{2} \frac{a^2 \sin B \sin C}{\sin A}.$$

69. 2e Cas. — *On donne* a *et* b *et l'angle compris* C : *calculer* A, B, c *et* S.

1° et 2° (*Calcul de* A *et de* B). On a $A + B = 180° - C$ et $\dfrac{a}{\sin A} = \dfrac{b}{\sin B}$, ou $\dfrac{a}{b} = \dfrac{\sin A}{\sin B}$: d'où l'on tire (Algèbre n° 180)

$$\frac{a + b}{\sin A + \sin B} = \frac{a - b}{\sin A - \sin B}.$$

Cette égalité donne $\dfrac{a + b}{a - b} = \dfrac{\sin A + \sin B}{\sin A - \sin B}$; mais formule (39)

$$\frac{\sin A + \sin B}{\sin A - \sin B} = \frac{tg \frac{1}{2}(A + B)}{tg \frac{1}{2}(A - B)} ;$$ par conséquent

$$\frac{a+b}{a-b}=\frac{tg\,\frac{1}{2}\,(A+B)}{tg\,\frac{1}{2}\,(A-B)},\ \text{équation qui donne}$$

$$tg\,\frac{1}{2}\,(A-B)=\frac{(a-b)\,tg\,\frac{1}{2}(A+B)}{a+b}.$$

Cette formule est calculable par logarithmes.

On trouvera au moyen des tables l'angle $\frac{1}{2}\,(A-B)$; on connaît d'ailleurs $\frac{1}{2}\,(A+B)$, et il sera facile de calculer A et B, on aura :

$$A=\frac{1}{2}(A+B)+\frac{1}{2}(A-B)$$

$$B=\frac{1}{2}(A+B)-\frac{1}{2}(A-B)$$

3° (*Calcul de c*) $\dfrac{c}{sin\ C}=\dfrac{a}{sin\ A}$: d'où $c=\dfrac{a\ sin\ C}{sin\ A}$.

Pour obtenir c, on voit qu'il faut chercher trois nouveaux logarithmes; nous allons trouver une autre formule où il n'y en aura que deux nouveaux à chercher.

De $\dfrac{c}{sin\ C}=\dfrac{a}{sin\ A}=\dfrac{b}{sin\ B}$, on obtient $\dfrac{c}{sin\ C}=\dfrac{a+b}{sin\ A+sin\ B}$; mais formule (24), $sin\ C=2\ sin\,\frac{1}{2}C\ cos\,\frac{1}{2}C$; et, formule (35), $sin\ A+sin\ B=2\ sin\,\frac{1}{2}\,(A+B)\ cos\,\frac{1}{2}\,(A-B)$; en substituant ces valeurs, il vient

$$\frac{c}{2\ sin\,\frac{1}{2}\,C\ cos\,\frac{1}{2}\,C}=\frac{a+b}{2\ sin\,\frac{1}{2}\,(A+B)\ cos\,\frac{1}{2}\,(A-B)};$$

or, $\frac{1}{2}(A+B)=90°-\frac{1}{2}\,C$ et comme le sinus d'un angle est égal au cosinus de son complément, on a $sin\,\frac{1}{2}\,(A+B)=cos\,\frac{1}{2}\,C$. La formule précédente devient donc, après réductions,

$$\frac{c}{sin \frac{1}{2} \; C} = \frac{a+b}{cos \frac{1}{2} \; (A-B)}.$$

formule dans laquelle il n'y a, comme nous l'avons annoncé, que deux nouveaux *log* à chercher pour obtenir c.

   4°   On a (n° 67) $S = \frac{1}{2} bc \, sin \, A$; mais $c = \dfrac{a \, sin \, C}{sin \, A}$,

donc $\hspace{6cm} S = \frac{1}{2} ab \, sin \, C.$

70. Remarque. Au lieu de donner les longueurs a et b, il peut arriver que l'on donne leurs logarithmes : alors, plutôt que de chercher a et b dans les tables, puis de calculer $a-b$ et $a+b$, et enfin de chercher leurs logarithmes,

on transforme la formule $tg \frac{1}{2}(A-B) = \dfrac{(a-b) \, tg \frac{1}{2}(A+B)}{a+b}$ en cette autre :

$$tg \frac{1}{2}(A-B) = \frac{1 - \dfrac{b}{a}}{1 + \dfrac{b}{a}} tg \frac{1}{2}(A+B), \text{ et l'on pose ensuite } tg \; \varphi = \frac{b}{a} :$$

d'où $\hspace{2cm} log \, tg \, \varphi = log \, b - log \, a.$ On substitue $tg \, \varphi$ à $\dfrac{b}{a}$, et l'on a :

$$tg \frac{1}{2}(A-B) = \frac{1 - tg \, \varphi}{1 + tg \, \varphi} tg \frac{1}{2}(A+B) ;$$

mais $tg \, 45° = 1$, on peut donc remplacer 1 par $tg \, 45°$ et $tg \, \varphi$ par $tg \, 45° \, tg \, \varphi$. D'après cela la formule précédente se change en celle-ci

$$tg \frac{1}{2}(A-B) = \frac{tg \, 45° - tg \, \varphi}{1 + tg \, 45° \, tg \, \varphi} tg \frac{1}{2}(A+B).$$

Or, formule (15), $tg \, (45° - \varphi) = \dfrac{tg \, 45° - tg \, \varphi}{1 + tg \, 45° \, tg \, \varphi}$. Donc on peut poser :

$$tg \frac{1}{2}(A-B) = tg \, (45° - \varphi) \, tg \frac{1}{2}(A+B).$$

Par l'emploi de $tg \, \varphi$ on n'a recours que quatre fois aux tables au lieu de six fois.

71. 3° Cas. — *On donne les côtés* a *et* b, *et l'angle* A. *opposé à l'un d'eux : calculer* B, C, c *et* S.

   1° $\hspace{1.5cm} \dfrac{sin \, B}{b} = \dfrac{sin \, A}{a}$: d'où $sin \, B = \dfrac{b \, sin \, A}{a}$.

   2° $\hspace{1.5cm} C = 180° - (A+B).$

   3° $\hspace{1.5cm} \dfrac{c}{sin \, C} = \dfrac{a}{sin \, A}$ d'où $c = \dfrac{a \, sin \, C}{sin \, A}$.

4.   On a (n° 67) $S = \dfrac{1}{2} ab \sin C$.

72. Remarque. Cette solution donne lieu à une discussion.

On sait que les angles supplémentaires on même sinus ; si donc on nomme K l'angle des tables, on aura : B=K et B=180° —K. Ce qui semble indiquer toujours deux solutions. Examinons dans quel cas il y aura deux solutions.

1° Si l'angle connu A est obtus ou droit les deux autres angles devront être aigus et l'on prendra seulement B=K. Pour que le triangle soit possible, on devra avoir $a > b$, car au plus grand angle est opposé le plus grand côté.

2° Si l'on donne A aigu, mais $a > b$, on devra avoir A > B, et par suite on n'admettra pas non plus la valeur B=180°—K.

3° Mais lorsque l'angle A est aigu, et qu'on a de plus $a > b$, on peut prendre B=K ou B=180°—K. En effet, soit AC=b. Le

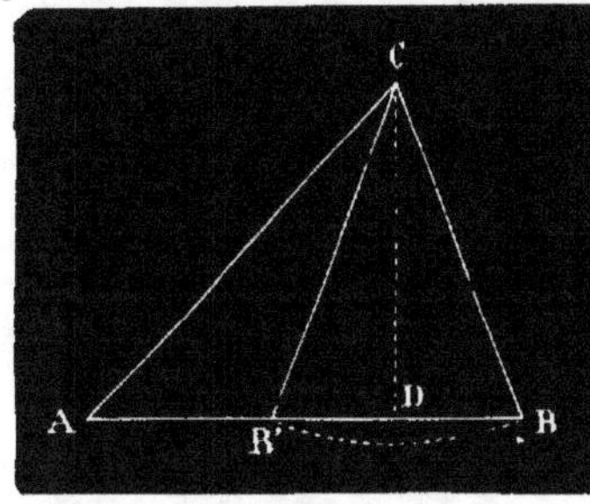

fig. 12

cercle décrit du point C comme centre avec CB=a pour rayon pourra dans certains cas couper AB en deux points B et B', et l'on aura deux triangles différents ACB, ACB', dans lesquels les angles ABC, AB'C sont supplémentaires. Pour que cette double solution ait lieu, il est évident que le côté a devra être plus grand que la perpendiculaire CD. Si le côté a=CD, on n'a que le triangle ACD, et il n'y a plus alors qu'une solution. Enfin il n'y a plus de solution si a est plus petit que CD, car la perpendiculaire CD étant la plus courte distance du point C à la droite AB, tout rayon plus petit que CD ne peut rencontrer AB.

73. 4° Cas. — *On donne a, b, c ; calculer A, B, C et S.*

CALCUL DE A,B,C

On a (58) : $a^2 = b^2 + c^2 - 2 bc \cos A,$
d'où $2 bc \cos A = b^2 + c^2 - a^2$

puis
$$cos\,A=\frac{b^2+c^2-a^2}{2\,b\,c}.$$

Ajoutant 1 à chaque membre, il vient

$$1+cos\,A=1+\frac{b^2+c^2-a^2}{2\,b\,c},$$

et ensuite
$$1+cos\,A=\frac{2\,b\,c+b^2+c^2-a^2}{2\,b\,c}; \qquad\qquad (a)$$

mais (n° 24), $1+cos\,A=2\,cos^2\frac{1}{2}A$, et (Algèbre n° 302) :
$2\,bc+b^2+c^2-a^2=(b+c)^2-a^2=(b+c+a)\,(b+c-a)$. Si nous
remplaçons, dans l'équation (a), $1+cos\,A$ et $2\,bc+b^2+c^2-a^2$
par leurs valeurs, nous obtiendrons :

$$2\,cos^2\frac{1}{2}A=\frac{(b+c+a)(b+c-a)}{2\,b\,c},$$

ou
$$cos^2\frac{1}{2}A=\frac{(b+c+a)(b+c-a)}{4\,b\,c}.$$

Enfin, si nous posons

$b+c+a=2\,p$, nous aurons $b+c-a+2\,a=2\,p$

d'où
$$b+c-a=2\,p-2\,a=2\,(p-a):$$

donc
$$cos^2\frac{1}{2}A=\frac{2\,p\times2\,(p-a)}{4\,b\,c}:$$

d'où
$$cos\frac{1}{2}A=\sqrt{\frac{p(p-a)}{b\,c}}.$$

On trouverait de même

$$cos\frac{1}{2}B=\sqrt{\frac{p(p-b)}{a\,c}},\ \ \text{et}\ \ cos\frac{1}{2}C=\sqrt{\frac{p(p-c)}{a\,b}}.$$

Avec ces formules, on pourrait trouver les angles A,B,C; mais
il est préférable d'employer $tg\frac{1}{2}A$, $tg\frac{1}{2}B$ et $tg\frac{1}{2}C$. Pour déterminer ces valeurs, il nous suffit maintenant de calculer $sin\frac{1}{2}A$,
$sin\frac{1}{2}B$, $sin\frac{1}{2}C$.

L'égalité $\quad cos\,A=\dfrac{b^2+c^2-a^2}{2\,b\,c}\quad$ trouvée plus haut, donne

$$-cos\,A=-\frac{b^2+c^2-a^2}{2\,b\,c}.$$

Si l'on ajoute l'unité à chaque membre, il vient :

$$1 - \cos A = 1 - \frac{b^2 + c^2 - a^2}{2\,b\,c},$$

$$\text{ou } 1 - \cos A = \frac{2bc - b^2 - c^2 + a^2}{2\,b\,c} = \frac{a^2 - (b-c)^2}{2\,b\,c} = \frac{(a+b-c)(a-b+c)}{2\,b\,c}.$$

En posant $a + b + c = 2\,p$, on a $a + b - c = 2\,(p-c)$ et $a - b + c = 2\,(p-b)$. Par suite $1 - \cos A = \dfrac{2\,(p-c) \times 2\,(p-b)}{2\,b\,c}$;

mais (n° 24) $\qquad 1 - \cos A = 2\,\sin^2 \tfrac{1}{2}A$;

donc $\qquad\qquad 2\,\sin^2 \tfrac{1}{2}A = \dfrac{2\,(p-c) \times 2\,(p-b)}{2\,b\,c}$:

d'où enfin $\qquad\qquad \sin \tfrac{1}{2}A = \sqrt{\dfrac{(p-b)(p-c)}{b\,c}}$

On trouverait de même

$$\sin \tfrac{1}{2}B = \sqrt{\frac{(p-a)(p-c)}{a\,c}} \quad \text{et} \quad \sin \tfrac{1}{2}C = \sqrt{\frac{(p-a)(p-b)}{a\,b}}.$$

Par conséquent

$$tg\,\tfrac{1}{2}A = \frac{\sin \tfrac{1}{2}A}{\cos \tfrac{1}{2}A} = \sqrt{\frac{(p-b)(p-c)}{p\,(p-a)}},$$

$$tg\,\tfrac{1}{2}B = \sqrt{\frac{(p-a)(p-c)}{p\,(p-b)}} \quad \text{et} \quad tg\,\tfrac{1}{2}C = \sqrt{\frac{(p-a)(p-b)}{p\,(p-c)}}.$$

En appliquant les *log*, on a :

$$\log tg\,\tfrac{1}{2}A = \tfrac{1}{2}\,[\log (p-b) + \log (p-c) - \log p - \log (p-a)].$$

On applique de même les *log* à $tg\,\tfrac{1}{2}B$ et $tg\,\tfrac{1}{2}C$.

Les radicaux ne sont affectés que du signe +, parce que chacun des angles devant avoir moins de 180°, sa moitié est plus petite que 90°.

Calcul de S : $\qquad\qquad S = \tfrac{1}{2}\,a\,b\,\sin C.$

mais, formule (24), $\sin C = 2\,\sin \tfrac{1}{2}C \cos \tfrac{1}{2}C$.

Nous connaissons d'ailleurs $\sin \tfrac{1}{2}C$ et $\cos \tfrac{1}{2}C$ en fonction des

5

trois côtés. En substituant ces valeurs dans celle de *sin* C on a :

$$\sin C = 2 \sin\frac{1}{2}C \cos\frac{1}{2}C = 2\sqrt{\frac{(p-a)(p-b)}{ab}} \times \sqrt{\frac{p(p-c)}{ab}}$$

$$= 2\sqrt{\frac{p(p-a)(p-b)(p-c)}{a^2b^2}} = \frac{2\sqrt{p(p-a)(p-b)(p-c)}}{ab}.$$

Cette valeur de *sin* C étant portée dans l'égalité $S = \frac{1}{2}ab\sin C$,

il vient

$$S = \frac{ab}{2} \times \frac{2\sqrt{p(p-a)(p-b)(p-c)}}{ab},$$

d'où enfin

$$S = \sqrt{p(p-a)(p-b)(p-c)}.$$

Cette formule calculable par *log* a déjà été trouvée en géométrie et en algèbre (Voir *Nouveau Cours de Géométrie*, p. 164, et *Nouveau Cours d'Algèbre*, p. 196).

APPLICATIONS

74. 1er Cas. — *On donne* a=35m,42; B=48°52'13"; C=75°18'25' : *calculer* A, b, c *et* S.

Données	*Résultats*
a=35m,42	A= 55°49'22"
B=48°52'13"	b= 32m,2483
C=75°18'25"	c= 41m,4137
	S=552mq,4407

1° Calcul de A

A=180°—(B+C)

VALEUR DE A	CALCUL DE (B+C)
180°=179°59'60"	B= 48°52'13"
B+C=124°10'38"	C= 75°18'25"
A = 55°49'22"	B+C=124°10'38"

2° Calcul de b

FORMULES $\begin{cases} b = \dfrac{a \sin B}{\sin A}. \\ \log b = \log a + \log \sin B - \log \sin A. \end{cases}$

VALEUR DE b

$$log\ a = 1,5492486$$
$$lg\ sin\ B = \overline{1},8769231$$
$$-lg\ sin\ A = 0,0823349$$
$$\overline{log\ b = 1,5085066}$$

Pour   1,5085028   32,248
pour   38   3

$$b = 32^m,2483$$

CALCUL DE LOG a

$$log\ 35,42 = 1,5492486$$

CALCUL DE LOG SIN B
$$B = 48°52'13''$$
$$lg\ sin\ 48°52'10'' = \overline{1},8769176^{d184}$$
pour   3''   55
$$lg\ sin\ 48°52'13'' = \overline{1},8769231$$

CALCUL DE LOG SIN A
$$A = 55°49'22''$$
$$lg\ sin\ 55°49'20'' = \overline{1},9176622^{d143}$$
pour   2''   28,6
$$lg\ sin\ 55°49'22'' = \overline{1},9176651$$
$$-log\ sin\ A = 0,0823349$$

3° Calcul de c

FORMULES $\begin{cases} c = \dfrac{a\ sin\ C}{sin\ A}. \\ log\ c = log\ a + log\ sin\ C - log\ sin\ A. \end{cases}$

VALEUR DE c

$$log\ a = 1,5492486$$
$$lg\ sin\ C = \overline{1},9855605$$
$$-lg\ sin\ A = 0,0823349$$
$$\overline{log\ c = 1,6171440}$$

pour   1,6171367   41,413
pour   73   7

$$c = 41,^m4137$$

CALCUL DE LOG SIN C;
$$C = 75°18'25''$$
$$lg\ sin\ 75°18'20'' = \overline{1},9855578^{d55}$$
pour   5''   27,
$$lg\ sin\ 75°18'25'' = \overline{1},9855605$$

4° Calcul de S

FORMULES $\begin{cases} S = \dfrac{1}{2}\dfrac{a^2\ sin\ B\ sin\ C}{sin\ A}. \\ lg\ S = 2\ lg\ a + lg\ sin\ B + lg\ sin\ C - lg\ sin\ A - lg\ 2. \end{cases}$

VALEUR DE S

$$2\ log\ a = 3,0984972$$
$$log\ sin\ B = \overline{1},8769231$$
$$log\ sin\ C = \overline{1},9856055$$
$$-log\ sin\ A = 0,0823349$$
$$-log\ 2 = \overline{1},6989700$$
$$\overline{log\ S = 2,7422857}$$

pour   2,7422851   552 , 44
pour   6   07

$$S = 552^{mq},4407$$

Vérification

On a, n° 69,
$$tg\tfrac{1}{2}(A-B)=\frac{(a-b)\,tg\tfrac{1}{2}(A+B)}{a+b}$$

$$log\ tg\tfrac{1}{2}(A-B)=log\ (a-b)+log\ tg\tfrac{1}{2}(A+B)-log\ (a+b)$$

VALEUR DE $\tfrac{1}{2}(A-B)$

$log\ (a-b)=0,5012921$

$tg\ tg\tfrac{1}{2}(A+B)=0,1126126$

$-log\ (a+b)=\bar{2},1696147$

$\bar{2},7835194$ (Diff. 3479)

pour $\bar{2},7833651$ 3°28′30″

pour   15430   4″

15440

12240   0″,44

3°28′34″,44

$\tfrac{1}{2}(A-B)=3°28′34″,44$

$\tfrac{1}{2}(A+B)=52°20′47″,50$

A=53°49′21″,94 (D.0″,06)
B=48°52′13″,06

$a=35,42$; $b=32,2483$;

$\tfrac{1}{2}(A+B)=52°20′47″,5$

$a-b=3,1717$
$a+b=67,6683$
$log\ 3,1717=0,5012921$
$log\ 67,6683=1,8303853$
$-log\ (a+b)=\bar{2},1696147$

CALCUL DE $log\ tg\tfrac{1}{2}(A+B)$

$lg\ tg\tfrac{1}{2}52°20′40″=0,1125799$ (d. 436)

pour   7″   305,2

0″5   21,8

$log\ tg\ 52°20′47″5=0,1126126$

Vérification pour S

$$S=\tfrac{1}{2}ab\ sin\ C$$

$$log\ S=log\ a+log\ b+log\ sin\ C-log\ 2$$

VALEUR DE S

$log\ a=1,5492486$

$log\ b=1,5085066$

$log\ sin\ C=\bar{1},9855605$

$-log\ 2=\bar{1},6989700$

$2,7422857$ *Log déjà trouvé.*

75. 2° Cas. — *On donne* $a=1109^m,75$; $b=1489^m,62$; $C=47°9′50″$: *calculer* A, B, c *et* S.

DONNÉES	RÉSULTATS
$a=1109^m,75$	A=47°54′29″,44
$b=1489^m,62$	B=84°55′40″,56
$C=47°9′50″$	$c=1096^m,635$
	S=606112^{mq},83

Nous dirons d'abord que b étant plus grand que a, on a aussi $B > A$.

Calcul de A et de B.

$$(B+A) = 180^\circ - C$$
$$\tfrac{1}{2}(B+A) = 90^\circ - \frac{C}{2}$$
$$90^\circ = 89^\circ 59' 60''$$
$$\frac{C}{2} = 23^\circ 34' 55''$$
$$\rule{3cm}{0.4pt}$$
$$\tfrac{1}{2}(B+A) = 66^\circ 25' 5''$$

Calcul de $\tfrac{1}{2}(B-A)$

$$\text{FORMULES} \begin{cases} tg\tfrac{1}{2}(B-A) = \dfrac{(b-a)\ tg\tfrac{1}{2}(B+A)}{b+a} \\[2mm] log\, tg\tfrac{1}{2}(B-A) = log(b-a) + log\, tg\tfrac{1}{2}(B+A) - log(b+a) \end{cases}$$

VALEUR DE $\tfrac{1}{2}(B-A)$

$log (b-a) = 2,5796350$

$lg\, tg\tfrac{1}{2}(B+A) = 0,3600018$

$-lg(b+a) = \overline{4},5851318$

$lg\, tg\tfrac{1}{2}(B-A) = \overline{1},5247686$ (Diff. 700)

pour $\overline{1},5247297$ $18^\circ 30' 30''$

pour 3890 $5''$
pour 3900 $0''5$
pour 4000 $0''06$

$\tfrac{1}{2}(B-A) = 18^\circ 30' 35'' 56$

d'où $\dfrac{B}{2} + \dfrac{A}{2} = 66^\circ 25' 5''$

$\dfrac{B}{2} - \dfrac{A}{2} = 18^\circ 30' 35'', 56$

$$\rule{3cm}{0.4pt}$$
$B = 84^\circ 55' 40'', 56$
$A = 47^\circ 54' 29'', 44$

CALCUL DE $log (b-a)$
et de $-log (b+a)$

$b = 1489,62$
$a = 1109,75$
$$\rule{2.5cm}{0.4pt}$$
$b-a = 379.87$
$b+a = 2599,37$
$log (b-a) = 2,5796350$
$log (b+a) = 3,4148682$
$-log (b+a) = \overline{4},5851318$

CALCUL DE $log\, tg\tfrac{1}{2}(B+A)$

$\tfrac{1}{2}(B+A = 66^\circ 25' 5''$

$log\, tg 66^\circ 25' 0'' = 0,3599731$ (d. 574)
pour $5''$ 287
$log\, tg 66^\circ 25' 5'' = 0,3600018$

3º Calcul de c.

$$\text{FORMULES} \begin{cases} c = \dfrac{a\, sin\, C}{sin\, A} \\[2mm] log\, c = log\, a + log\, sin\, C - log\, sin\, A \end{cases}$$

VALEUR DE c.

$lg\ a = 3,0452253$

$lg\ \sin C = \overline{1},8652826$

$-lg\ \sin A = 0,1295543$

$\log\ c = \overline{3,0400622}$

pour   3,0400482   1096, 6

pour   140   0, 035

$c = 1096^m635$

CALCUL DE LOG a :

$a = 1109,75$

$\log\ 1109,7 = 3,0452056$ (d 391)

pour   0,05   197

$\log\ a = \overline{3,0452253}$

CALCUL DE LOG SIN C :

$C = 47°9'50''$

$lg\ \sin 47°9'50'' = \overline{1},8652826$

CALCUL DE LOG SIN A :

$A = 47°54'29'',44.$

$lg\ \sin 47°54'20'' = \overline{1},8704278$ (d 190)

pour   9''   171

pour   0''4   7,6

pour   0''04   7

$lg\ \sin 47°54'29'',44 = \overline{1},8704457$

$-\ \log\ \sin A = 0,129\ 543$

4° Calcul de S

$$\text{FORMULES} \begin{cases} S = \dfrac{1}{2} a\,b\,\sin C \\[2mm] \log S = \log a + \log b + \log \sin C - \log 2 \end{cases}$$

VALEUR DE S

$\log a = 3,0452253$

$\log b = 3,1730755$

$lg\ \sin C = \overline{1},8652826$

$-lg\ 2 = \overline{1},6989700$

$\log S = \overline{5,7825534}$

pour   5,7825514   60611

pour   20   02 83

$S = 606112^{m}83$

CALCUL DE LOG b : b = 1489,62

$\log\ 1489,6 = 3,1730697$

pour   0,02   58

$\log\ 1489,62 = \overline{3,1730755}$

$-\log\ 2 = \overline{1},6989700$

Vérification

$$a = \frac{c \sin A}{\sin C}$$

$$\log a = \log c + \log \sin A - \log \sin C.$$

VALEUR DE a

$\log\ c = 3,0400622$

$\log\ \sin A = \overline{1},8704457$

$-\log\ \sin C = 0,1347174$

$\log\ a = \overline{3,0452253}$

Log déjà trouvé.

CALCUL DE —LOG SIN C.

$\log\ \sin C = \overline{1}\ 8652826$

$-\log\ \sin C = 0,1347174$

Vérification pour S

$$S = \frac{1}{2}\frac{a^2 \sin B \sin C}{\sin A}$$

$$\log S = 2 \log a + \log \sin B + \log \sin C - \log \sin A - \log 2$$

<table>
<tr><td>

VALEUR DE S

$2\,log\,a=6,0904506$

$log\,sin\,B=\overline{1},9982961$

$log\,sin\,C=\overline{1},8652826$

$-log\,sin\,A=0,1295543$

$-log\,2=\overline{1},6989700$

$\overline{log\,S=5,7825536}$

Log déjà trouvé.

</td><td>

CALCUL DE LOG SIN B :

$B=84°55'40'',56$

$lg\,sin\,84°55'40''\quad=\overline{1},9982960^{d.\,19}$

pour $\qquad$ 0"56 $\qquad\qquad$ 1

$\overline{lg\,sin\,84°55'40''56=\overline{1},9982961}$

</td></tr>
</table>

76. 3ᵉ Cas. — *On donne* $a=65792^m,60$; $b=98045^m,60$; $A=28°51'48'',6$: *calculer* B, C, *c et* S.

DONNÉES	RÉSULTATS	*ou encore*
$a=65792^m,60$	$B=46°0'8''$	$B'=133°59'52''$
$b=98045^m,60$	$C=105°8'3'',4$	$C'=17°8'19'',4$
$A=28°51'48'',6$	$c=131567^m,10$	$c'=40164^m,04$
	$S=3113472000^{mq}.$	$S'=950462700^{mq}.$

Les calculs ne présentant aucune difficulté, nous laissons au lecteur le soin de les effectuer. D'ailleurs comme on a $A<90°$ et de plus $a<b$, le problème admet deux solutions (n° 70).

Formules de vérification pour ce cas

$$tg\,\tfrac{1}{2}(B-A)=\frac{(b-a)\,tg\,\tfrac{1}{2}(B+A)}{b+a}\,;\quad S=\frac{1}{2}\frac{a^2\,sin\,B\,sin\,C}{sin\,A}.$$

77. 4ᵉ Cas. — *On donne* $a=33^m,45$; $b=42^m,89$; $c=43^m,17$: *calculer* A, B, C *et* S.

DONNÉES	RÉSULTATS
$a=33^m,45$	$A=45°44'37''$
$b=42^m,89$	$B=66°41'10'',6$
$c=43^m,17$	$C=67°34'12'',4$
	$S=633^{mq},066$

Formules trouvées au n° 71.

$$tg\,\tfrac{1}{2}A=\sqrt{\frac{(p-b)(p-c)}{p\,(p-a)}}\,;\quad tg\,\tfrac{1}{2}B=\sqrt{\frac{(p-a)(p-c)}{p\,(p-b)}}\,;$$

$$tg\,\tfrac{1}{2}C=\sqrt{\frac{(p-a)(p-b)}{p\,(p-c)}}\,;\quad S=\sqrt{p\,(p-a)\,(p-b)\,(p-c)}.$$

d'où $log\,tg\,1/2A=1/2\left[log\,(p-b)+log\,(p-c)-log\,p-log\,(p-a)\right]$

$log\,tg\,1/2B=1/2\left[log\,(p-a)+log\,(p-c)-log\,p-log\,(p-b)\right]$

$log\,tg\,1/2C=1/2\left[log\,(p-a)+log\,(p-b)-log\,p-log\,(p-c)\right]$

$log\,S=1/2\left[log\,p+log\,(p-a)+log\,(p-b)+log\,(p-c)\right]$

Valeur de $p,\ p-a,\ p-b,\ p-c$

$a=\ 33^m,45$	$p=59,755$
$b=\ 42^m,89$	$p-a=26,305$
$c=\ 43^m,17$	$p-b=16,865$
$2\,p=119^m,51$	$p-c=16,585$
$\overline{p=\ 59^m,755}$	

Tables de Lalande

Calcul de log p et de —log p

$$log\ 5975 = 3,7763379\ (^{d.}\ 727)$$

pour   0,5   363,5

$$log\ 59,755 = \overline{1,7763743}$$

$$-log\ p = \overline{\overline{2}},2236257$$

Calcul de log (p—a) et de —log (p—a)

$$log\ 2630 = 3,4199557\ (d.1651)$$

pour   0,5   825,5

$$lg\ 26,305 = \overline{1,4200383}$$

$$-lg\ (p\text{-}a) = \overline{\overline{2}},5799617$$

Calcul de log (p— b) et de —log (p—b)

$$log\ 1686 = 3,2268576\ (d\,2575$$

pour 0,5=   1287,5

$$lg\ 16,865 = \overline{1,2269863}$$

$$-lg\ (p\text{-}b) = \overline{\overline{2}},7730137$$

Calcul de log (p—c) et de —log (p—c)

$$log\ 1658 = 3,2195845\ (d\,2619)$$

pour 0,5=   1309,5

$$lg\ 16,585 = \overline{1,2197155}$$

$$-lg\ (p\text{-}c) = \overline{2},7802845$$

Calcul de A

$$log\ (p-b) = 1,2269863$$
$$log\ (p-c) = 1,2197155$$
$$-log\ p = \overline{2},2236257$$
$$-log\ (p-a) = \overline{2},5799617$$
$$log\ tg\ \tfrac{1}{2}A = \tfrac{1}{2}(\overline{1},2502892)$$

(Alg. nº 246, Rem.) $log\ tg\ \tfrac{1}{2}A = \overline{1},6251446$ (Diff. 3528)

pour $\overline{1},6250356$ 22º52′

pour   1090   18″5

$$tg\ \tfrac{1}{2}\,A = 22º52′18″5$$

$$A = 45º44′37″$$

Calcul de B.

$$log\ (p-a) = 1,4200383$$
$$log\ (p-c) = 1,2197155$$
$$-log\ p = \overline{2},2236257$$
$$-log\ (p-b) = \overline{2},7730137$$
$$log\ tg\ \tfrac{1}{2}B = \tfrac{1}{2}(\overline{1},6363932)$$

$log\ tg\ 1/2\,B = \overline{1},8181966$ (Diff. 2751)

pour $\overline{1},8180347$ 33º20′

pour   1619   35″,3

$$tg\ \tfrac{1}{2}\,B = \overline{33º20′35″,3}$$

$$B = 66º41′10″,6$$

Calcul de C.

$$\log (p-a) = 1{,}4200383$$
$$\log (p-b) = 1{,}2269863$$
$$-\log p = \overline{2}{,}2236257$$
$$-\log (p-c) = \overline{2}{,}7802845$$
$$\log tg\,\tfrac{1}{2}\,C = \tfrac{1}{2}(\overline{1}{,}6509348)$$

$$\log tg\,\tfrac{1}{2}\,C = (\overline{1}{,}8254674 \qquad \text{(Diff. 2733)}$$

pour $\overline{1}{,}8254394$ $33°47'$
pour 280 $6''\!2$

$$tg\,\tfrac{1}{2}\,C = 33°47'\ 6''{,}2$$
$$C = 67°34'12''{,}4$$

Calcul de S.

$$\log p = 1{,}7763743$$
$$\log (p-a) = 1{,}4200383$$
$$\log (p-b) = 1{,}2269863$$
$$\log (p-c) = 1{,}2197155$$
$$\log S = \tfrac{1}{2}(5{,}6431144)$$

$$\log S = 2{,}8215572 \qquad \text{(Diff. 655)}$$
pour $3{,}8215135$ 6630
pour 437 066

$$S = \overline{663^{mq}{,}066}$$

Vérification.

$$A = 45°44'37''$$
$$B = 66°41'10''{,}6$$
$$C = 67°34'12''{,}4$$
$$\overline{A+B+C = 180°\ 0'\ 0''}$$

Vérification pour S.

$$S = \tfrac{1}{2}ab\,\sin C$$

$$\log S = \log a + \log b + \log \sin C - \log 2$$

VALEUR DE S

$$\log a = 1{,}5243961$$
$$\log b = 1{,}6323560$$
$$\log \sin C = \overline{1}{,}9658351$$
$$-\log 2 = \overline{1}{,}6989700$$
$$\log S = \overline{2{,}8215572}$$

Log déjà trouvé.

CALCUL DE LOG a : $a = 33{,}45$
$$\log 33\ 45 = 3{,}5243961$$
$$\log 33{,}45 = 1{,}5243961$$

CALCUL DE LOG b : $b = 42{,}89$
$$\log 42\ 89 = 3{,}6323560$$
$$\log 42{,}89 = 1{,}6323560$$

CALCUL DE LOG SIN C.

$lg \sin 67°34'10'' = \overline{1}{,}9658330$ (d. 87)
pour $2''$ $17{,}4$
pour $0{,}4$ $3{,}48$

$lg \sin 67°44'12''{,}4 = \overline{1}{,}9658351$

EXERCICES

Triangles quelconques à résoudre et à trouver la surface

207 Données : $a = 798^m,325$; $B = 40°7'34'',9$; $C = 67°19'12''$.

208   — $a = 3429,71$; $b = 2743,632$; $C = 68°25'34'',69$.

209   — $log\ a = 3,2452253$; $log\ b = 3,1730755$; $C = 47°9'50''$.

210   — $a = 534,62$; $b = 345,18$; $A = 58°17'36''$.

211   — $a = 6584,28$; $b = 2632,35$; $c = 5324,51$.

Résoudre un triangle, connaissant :

212   —   les angles et une hauteur.

213   —   La surface S et les angles A, B.

214   — a, $b + c$ et A.

215   — a, $b - c$ et A.

216   — h et les segments m et n déterminés par la hauteur.

217   — h, $m - n$, et l'un des angles de la base.

218   — h, $a - c$, A.

219   —   deux hauteurs et un angle

220   —   une hauteur et deux côtés.

221   —   B, a et $b + c$.

222   —   B, a et $b - c$.

223   —   Le périmètre $2\,p$ et les trois angles.

EXERCICES DIVERS

224 On donne : $a = 315,48$; $b = 208,33$; $c = 113,25$: calculer à 0,01 près la longueur de la perpendiculaire h partant du sommet A.

225 Un des angles d'un triangle à $35°18'46''$, les deux côtés comprenant cet angle ont 87^m et 72^m : on demande la surface de ce triangle en ares et centiares.

226 Dans un triangle isocèle, la hauteur $h = 176^m,40$, l'angle ACC du sommet égale $47°24'18''$: on demande l'aire de ce triangle.

227 Calculer la surface du quadrilatère ABCD dans lequel on connaît les quatre côtés et l'angle A.

228 Calculer la surface d'un trapèze isocèle dans lequel on connaît la petite base BC, l'angle C et les côtés égaux AB, CD.

229 Calculer le côté d'un polygone régulier de 60 côtés inscrit dans un cercle de $314^m,24$ de rayon.

230. Calculer à $0'',1$ près l'angle au sommet d'un triangle isocèle dont la base est égale à $2452^m,634$ et la surface égale à 5864572 mètres carrés.

231. Calculer les angles d'un triangle pour lequel on a $a = 518^m$, $b = 272^m$, $c = 495^m$.

232. Trouver la surface S d'un polygone régulier de n côtés en fonction de r, rayon du cercle inscrit.

232. Dans le trapèze ABCD : $A = 90°$, $B = 32°,25$, les côtés parallèles AB et CD ont respectivement 324^m 35 et 208^m15 : on demande la surface du trapèze.

234. On donne un triangle ABC : $BC = 6^m$, $AB = 5^m$, $AC = 2^m$. On mène la bissectrice A I de l'angle A. On demande : 1° les surfaces des triangles ACI et ABI ; 2° la longueur de la parallèle IM à AC, terminée au côté AB en M.

235. Trouver les médianes d'un triangle en fonction des trois côtés.

236. Dans un triangle ABC on a : $a = 60^m$, $b = 40^m$, $c = 42^m$: on demande la longueur de la médiane AD.

237. Dans un triangle ABC, trouver la bissectrice AD de l'angle A en fonction des côtés a, b, c.

238. Dans le triangle BAC, on a AB=23ᵐ215, AC=19ᵐ419, BAC=46°29′37″:
on demande la longueur AD de la bissectrice de l'angle BAC.

APPLICATION DE LA TRIGONOMÉTRIE A DIVERSES QUESTIONS QUE PRÉSENTE LE LEVÉ DES PLANS

78. Problème. — *Déterminer la distance d'un point donné A à un autre point B inaccessible.*

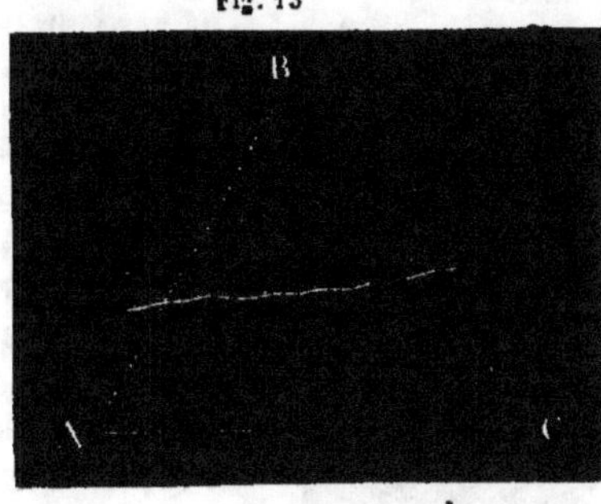
Fig. 13

On mesure avec la chaîne une base arbitraire AC et les angles A et C avec le graphomètre. On connaît alors un côté et les angles du triangle ABC ; il est facile de déterminer AB ou c, car (nᵒ 51) on a :

$$\frac{c}{\sin C} = \frac{b}{\sin B} : \text{d'où } c = \frac{b \sin C}{\sin B}.$$

79. Problème. — *Déterminer la distance de deux points A et B inaccessibles.*

On choisit une base DC telle que l'on puisse voir de ses extrémités les points A et B. Puis on mesure successivement avec

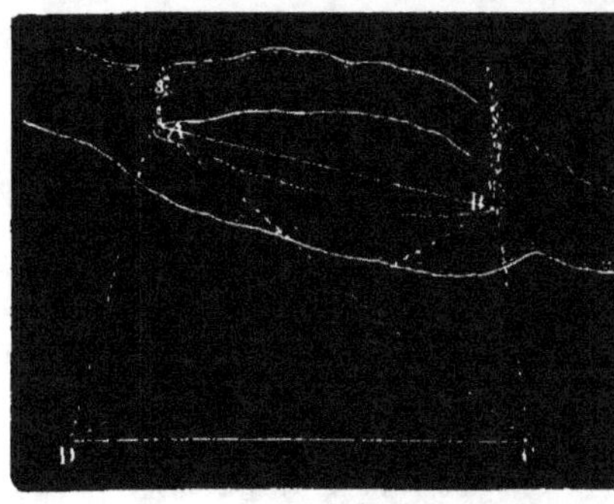
Fig. 14

le graphomètre les angles ADB, BDC, ADC ; ACD, ACB , BCD (*). Ayant la longueur CD et la valeur de ces angles on peut déterminer AB : car , connaissant dans le triangle ADC les angles et le côté CD, on peut déterminer AD, de même

(1) L'angle ADC , par exemple, ne sera la somme des angles ADB, BDC, que si les quatre points A , B , C , D sont dans un même plan : comme cette circonstance n'a pas lieu souvent, on est obligé de mesurer séparément l'Angle ADC, de même que l'angle BCD.

connaissant dans le triangle BDC les angles et le côté CD, on peut déterminer DB. Enfin, connaissant dans le triangle ADB les côtés AD, DB et l'angle ADB qu'ils comprennent, on pourra (n° 69) déterminer AB.

80. Problème. — *Prolonger une droite AB au-delà d'un obstacle.*

On choisit un point D d'où l'on puisse apercevoir les points A, B et le lieu où la droite AB doit se prolonger : on mesure les distances AB, AD, BD. On

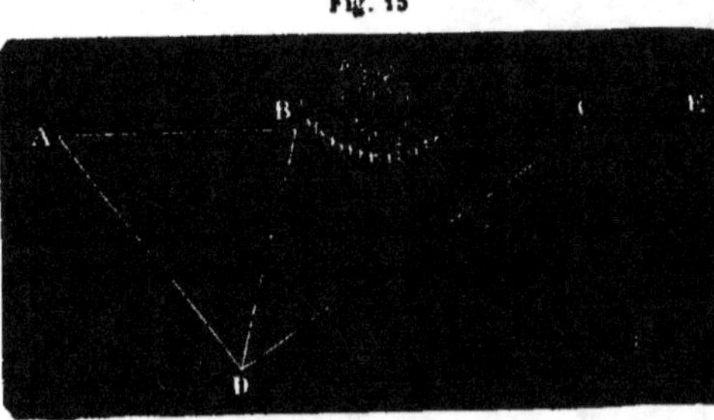

Fig. 15

mène une droite DC qui passe au-delà de l'obstacle, et rencontre le prolongement de AB. On mesure l'angle BDC, puis on calcule l'angle ABD du triangle ABD dont on a mesuré les côtés. On connaît alors dans le triangle BEC le côté BD, l'angle BDC et l'angle CBD=180°—ABD; par suite, on peut calculer DC et l'angle BCD. Connaissant la distance DC, on mesure, à partir du point D et sous un angle égal à BDC, une longueur égale à la longueur trouvée pour DC. à l'extrémité est le point C appartenant au prolongement de AB. Ayant le point C et et les angles BCD et DCE, il ne suffit plus que de jalonner dans la direction CB ou dans la direction CE.

81. Problème. — *Trouver des points G, I, dans la direction de deux points A et B séparés par un obstacle.*

On prend un point C arbitraire, mais d'où l'on puisse apercevoir les points

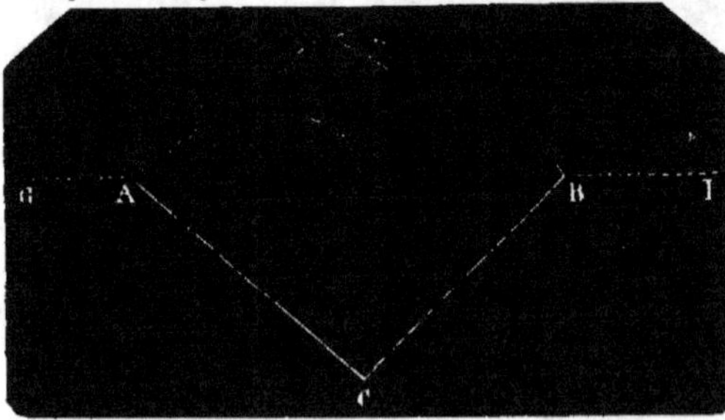

A et B : on mesure l'angle ACB, les côtés AC, CB. On peut alors calculer les angles (n° 69) CAB et ABC; par suite on connaît les angles GAC et CBI : les directions AG et BI, prolongements de AB, sont données par ces angles.

Fig. 16

82. Problème. — *Mesurer une hauteur dont le pied est accessible (Hauteur d'une tour, d'un arbre, d'une maison, etc).*

On dispose le graphomètre de manière que le limbe soit vertical et l'alidade fixe horizontale.

Fig. 17

On mesure l'angle AC'B' et la
distance CB=C'B'. Il est : lors
facile de calculer AB', car dans
le triangle rectangle AB'C', on
connaît l'angle ACB et le côté
B'C' (n° 59). Pour avoir la hauteur AB, on ajoute la hauteur du
graphomètre à la hauteur AB'.

83. Problème — *Mesurer une hauteur inaccessible.*

Fig. 18

On choisit une base CD des extrémités de laquelle on puisse
apercevoir le point B. On mesure CD=CD' et les angles AC'D',
AD'C'. On peut alors calculer le côté AC' du triangle AC'D'.
Connaissant AC' et l'angle AC'B' que fait cette droite avec
l'horizontale C'B', on pourra calculer le côté AB' du triangle
rectangle AC''. A la hauteur AB', on ajoutera la hauteur de
l'instrument pour avoir AB.

On détermine de même la hauteur d'une montagne (Voir une
autre méthode dans notre *Nouveau Cours de Géométrie*).

84. Problème de la carte. — *Trois points* A, B, C, *étant situés sur un terrain uni, et rapportés sur une carte, déterminer sur cette carte le point N d'où les distances AB et BC ont été vues sous des angles qu'on a mesurés.*

Désignons par α et β les angles AMB, BMC que l'on a mesurés,

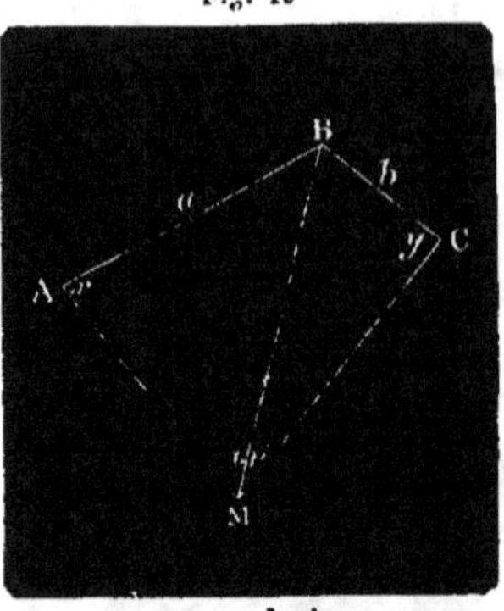
Fig. 49

par a et b les longueurs connues AB, BC, et par x et y les angles inconnus BAM, BCM.

Les triangles BAM et BMC donnent

$$BM = \frac{a \sin x}{\sin \alpha} \quad \text{et} \quad BM = \frac{b \sin y}{\sin \beta};$$

d'où $\dfrac{a \sin x}{\sin \alpha} = \dfrac{b \sin y}{\sin \beta}$

De cette égalité on tire

$$\frac{\sin x}{\sin y} = \frac{b \sin \alpha}{a \sin \beta} \qquad [m]$$

Faisons $a' = \dfrac{b \sin \alpha}{\sin \beta}$ (Il est facile de calculer a' par logarithmes). On a donc $\dfrac{\sin x}{\sin y} = \dfrac{a'}{a}$: d'où (n° 69) $\dfrac{\sin x + \sin y}{\sin x - \sin y} = \dfrac{a' + a}{a' - a}$,

donc $\dfrac{tg \frac{1}{2}(x+y)}{tg \frac{1}{2}(x-y)} = \dfrac{a'+a}{a'-a}$, ou $tg \frac{1}{2}(x-y) = \dfrac{a'-a}{a'+a} tg \frac{1}{2}(x+y)$

Or, le terrain étant uni, les quatre angles du trapèze ABCM valent 360° :

donc $\qquad x + ABC + y + \beta + \alpha = 360°,$

d'où $\qquad x + y = 360 - ABC - \beta - \alpha.$

Puisqu'on connaît $\frac{1}{2}(x+y)$ on peut déterminer $\frac{1}{2}(x-y)$ et ensuite x et y par addition et soustraction (n° 69).

85. Remarque. — Si l'on suppose $x + y = 180°$, on (n° 14) d'un côté $\sin x = \sin y$, et l'équation $\dfrac{\sin x}{\sin y} = \dfrac{b \sin \alpha}{a \sin \beta}$ change en celle-ci : $1 = \dfrac{b \sin \alpha}{a \sin \beta}$: d'où on tire $a = \dfrac{b \sin \alpha}{\sin \beta}$.

Mais nous avons fait $a' = \dfrac{b \sin \alpha}{\sin \beta}$: donc $a' - a = o$. Par conséquent (Alg. n° 281) $\dfrac{a' - a}{a' + a} = \dfrac{o}{a' + a} = o$. D'un autre côté on a $\dfrac{1}{2}(x + y) = 90°$: d'où $tg \dfrac{1}{2}(x + y) = \infty$. Par suite, il vient $tg \dfrac{1}{2}(x - y) = o \times \infty = \dfrac{o}{o}$, signe d'indétermination (Alg. n° 280). Le problème admet dans ce cas une infinité de solutions. (Voir notre *Nouveau Cours de Géométrie* pour la solution de ce problème).

86. Problème. — *Rendre calculable par logarithmes une somme ou une différence* (méthode générale).

1° $a + b$. On pose $a + b = a \left(1 + \dfrac{b}{a}\right)$, et l'on prend un angle auxiliaire φ tel qu'on ait $\qquad tg^2\varphi = \dfrac{b}{a}$, ce qui donne alors (7) et (3)

$a + b = a (1 + tg^2\varphi) = a\, séc^2\varphi = \dfrac{a}{cos^2\varphi}$, expression calculable par logarithmes.

On a donc : $log\,(a + b) = log\,a - 2\,log\,cos\varphi$:

Quant à l'angle φ on le calcule à l'aide de l'égalité

$tg^2\varphi = \dfrac{b}{a}$, qui donne : $log\,tg\varphi = \dfrac{1}{2}(log\,b - log\,a)$.

2° $a - b$. On pose $a - b = a \left(1 - \dfrac{b}{a}\right)$ et l'on prend ensuite un angle auxiliaire φ, tel qu'on ait $sin^2\varphi = \dfrac{b}{a}$, on a alors $a - b = a (1 - sin^2\varphi) = a\,cos^2\varphi$, quantité calculable par logarithmes. On a donc : $log\,(a - b) = log\,a + 2\,log\,cos\,\varphi$;

La valeur de φ se tire de l'équation :

$sin^2\varphi = \dfrac{b}{a}$, qui donne : $log\,sin\,\varphi = \dfrac{1}{2}\,log\,b - log\,a)$.

3° $a + b + c + d + e \ldots$ On opére comme nous venons de l'indiquer. Au moyen d'un angle auxiliaire, on diminue d'abord d'une unité le nombre des termes, puis d'une seconde unité au moyen d'un second angle auxiliaire et ainsi de suite.

4° $a + b - c + d - e - f + g\ldots$ On peut écrire $a + b + d + g - (c + e + f)$.

On convertit (3°) $a + b + d + g$ en un monôme A, et $c + e + f$ en un monôme B, et l'on a, $a + b + d + g - (c + e + f) = A - B$, il ne s'agit plus que de rendre calculable le binôme $A - B$ (2°).

On n'emploiera pas toujours cette méthode pour rendre des sommes ou des différences calculables par logarithmes, il est évident qu'on devra tenir compte de la nature des termes qui composent les sommes ou les différences. Nous allons donner des exemples.

87. Exemple I. *Rendre calculable par log. l'expression* $a \cos x + b \sin x$.

On a : $\qquad a \cos x + b \sin x = a \left(\cos x + \dfrac{b}{a} \sin x\right)$

Faisant $\dfrac{b}{a} = tg\ \varphi = \dfrac{sin\ \varphi}{cos\ \varphi}$, on a

$$a\ cos\ x + b\ sin\ x = a\ (cos\ x + \frac{sin\ \varphi}{cos\ \varphi} sin\ x) = a\ \frac{(cos\varphi\ cos\ x + sin\varphi\ sin\ x)}{cos\ \varphi}$$

$$= \frac{a\ cos\ (\varphi - x)}{cos\ \varphi},$$ expression calculable par logarithmes.

88. Exemple II. *Rendre calculable par logarithmes l'expression* $\dfrac{a\ (m+n)}{a^2 - mn}$

Je pose $b^2 = mn$: d'où

$$\frac{a\ (m+n)}{a^2 - mn} = \frac{a\ (m+n)}{a^2 - b^2} = \frac{a\ (m+n)}{(a+a)\ (a-b)},$$ quantité calculable par logarithmes.

Quant à la valeur de b, elle se tire de l'équation

$$b^2 = mn,$$ qui donne : $log\ b = \frac{1}{2}\ (log\ m + log\ n)$.

89. Exemple III, *appliqué à la résolution des équations du second degré.*
Eu égard aux signes, nous aurons à considérer les quatre cas suivants :

$$x^2 - px + q = 0$$
$$x^2 + px + q = c$$
$$x^2 - px - q = 0$$
$$x^2 + px - q = 0$$

Si dans la deuxième et la quatrième équation on change x en $-x$, elles deviennent identiques aux deux autres : nous n'avons donc en réalité qu'à résoudre ces deux équations, nous supposerons d'ailleurs que leurs racines sont réelles.

$$x^2 - px + q = 0$$
$$x^2 - px - q = 0$$

La première donne

$$x = \frac{p}{2} \pm \sqrt{\frac{p^2}{4} - q} = \frac{p}{2} \pm \frac{p}{2}\sqrt{1 - q : \frac{p^2}{4}} = \frac{p}{2}\left(1 \pm \sqrt{1 - \frac{4q}{p^2}}\right)$$

Faisons $\dfrac{4q}{p^2} = sin^2\varphi$, il vient

$$x = \frac{p}{2}\left(1 \pm \sqrt{1 - sin^2\ \varphi}\right) = \frac{p}{2}\left(1 \pm \sqrt{cos^2\ \varphi}\right) = \frac{p}{2}(1 \pm cos\varphi).$$

Si l'on sépare les racines, on obtient

$$x' = \frac{p}{2}(1 + cos\varphi) = p cos^2\frac{\varphi}{2}$$

$$x'' = \frac{p}{2}(1 - cos\varphi) = p sin^2\frac{\varphi}{2}.$$

Les deux racines sont affectées du signe contraire de celui de **p**.
La seconde équation donne

$$x = \frac{p}{2} \pm \sqrt{\frac{p^2}{4} + q} = \frac{p}{2} \pm \frac{p}{2}\sqrt{1 + q : \frac{p^2}{4}} = \frac{p}{2}\left(1 \pm \sqrt{1 + \frac{4q}{p^2}}\right)$$

Faisant $\dfrac{4q}{p^2}=tg^2\varphi$, il vient

$$x=\frac{p}{2}\left(1\pm\sqrt{1+tg^2\varphi}\right)=\frac{p}{2}\left(1\pm\sqrt{séc^2\varphi}\right)=\frac{p}{2}(1\pm séc\ \varphi)=\frac{p}{2}\left(1\pm\frac{1}{cos\ \varphi}\right)$$

$$x=\frac{p}{2}\left(1\pm\frac{1}{cos\ \varphi}\right)=\frac{p}{2}\left(\frac{cos\ \varphi\pm1}{cos\ \varphi}\right).$$

Si l'on sépare les racines, on obtient

$$x'=\frac{p}{2}\left(\frac{1+cos\ \varphi}{cos\ \varphi}\right)=\frac{p}{2}\times\frac{2cos^2\frac{\varphi}{2}}{cos\varphi}=\frac{pcos^2\frac{\varphi}{2}}{cos\ \varphi}$$

$$x''=\frac{p}{2}\left(\frac{cos\ \varphi-1}{cos\ \varphi}\right)=-\frac{p}{2}\left(\frac{1-cos\ \varphi}{cos\ \varphi}\right)=-\frac{p}{2}\times\frac{2\ sin^2\frac{\varphi}{2}}{cos\varphi}=-\frac{psin^2\frac{\varphi}{2}}{cos\varphi}$$

Les deux racines sont de signes contraires.

EXERCICES

239. Résoudre par la trigonométrie les équations :
$$x^2+px+q=0$$
$$x^2+px-q=0$$

240. Les racines de l'équation $x^2+px+q=0$ étant x' et x'', on a $x'+x''=-p$, et $x'x''=q$, c'est-à-dire que *pour les équations du second degré, la somme des racines est égale au coefficient de* x *pris en signe contraire, et le produit de ces mêmes racines est égal à la quantité toute connue.*

Résoudre à l'aide des tables les équations ci-dessous.

241. $x^2+4x-12=0$.

242. $x^2-10x+21=0$.

243. $x^2-3x-28=0$.

244. Calculer les racines de l'équation
$$x^2+px-q=0.$$
pour laquelle on a *log* $p=0,4771212$; $logq=2,1875307$.

245. Calculer les racines de l'équation
$$x^2-px+q=0$$
pour laquelle on a *log* $p=0,8450980$; *log* $q=1,0791812$.

246. Calculer les racines de l'équation
$$x^2-px-q=0$$
pour laquelle on a *log* $p=0,6989700$; *log* $q=1,5563025$.

APPLICATIONS DIVERSES DE LA TRIGONOMÉTRIE

90 Problème. — *Trouver le rayon d'une tour ou d'un bassin circulaire inaccessible.*

On mesure exactement sur le terrain une base AB, qui soit

Fig. 20

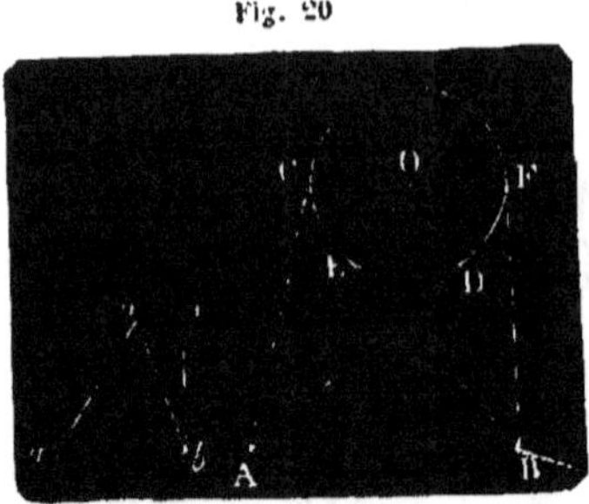

horizontale. On mesure les angles CAB, DAB (CA et AD sont tangents à la tour) : leur demi-somme est égale à l'angle ÔAB. On mesure de même au point B les angles FBA, EBA : leur demi-somme est égale à l'angle OBA. Dans le triangle OAB on connaît AB et les angles OAB, OBA, on peut calculer OB. Dans le triangle rectangle OBF on connaît OB et l'angle OBF=FBA—OBA, on peut calculer OF, rayon de la tour ou du bassin.

91. Problème. — *Réduire une droite à l'horizon.*

Soient BA la projection horizontale d'une droite BC, CA la verticale du point C, et α l'angle d'inclinaison sur l'horizon.

Fig. 21

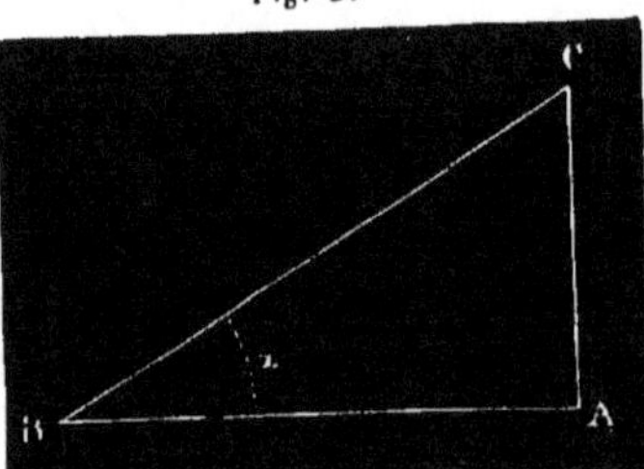

Le triangle BAC donne $BA = a \cos \alpha$.

Connaissant BC ou a et l'angle α, il est facile de calculer BA.

92. Problème. — *Trouver l'aire d'un quadrilatère en fonction des diagonales et de l'angle qu'elles font entre elles.*

Soit le quadrilatère ABCD dans lequel on connaît les diagonales AC, BD et l'angle α qu'elles font entre elles.

Fig. 22

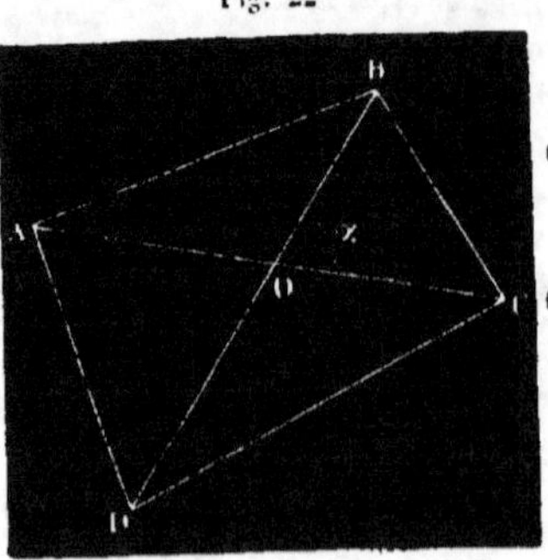

D'après le n° 67 on a :
$$\text{surface BOC} = \frac{1}{2} \, OB.OC \times \sin \alpha,$$

et (n° 14)
$$\text{surface AOB} = \frac{1}{2} \, OB.OA \times \sin \alpha :$$

d'où,
$$\text{surface ABC} = \frac{1}{2} OB.AC \times \sin \alpha.$$

On a de même
$$\text{surface COD} = \frac{1}{2} OD.OC \times \sin \alpha$$

et surf. $AOD = \frac{1}{2}OD.OA \times sin\,\alpha$: d'où surf. $ADC = \frac{1}{2}OD.AC \times sin\,\alpha$.

Par conséquent

surface $ABC +$ surface $ADC = \frac{1}{2}OB.AC \times sin\,\alpha + \frac{1}{2}OD\ AC\ sin\,\alpha$,

ou surface quadrilatère $= \frac{1}{2}AC.BD \times sin\,\alpha$.

93. Problème. — *Calculer la distance de deux points inaccessibles* A *et* B. *On donne*
$$\text{base } DC = 394^m,82$$
angle $BCD = 83°11'27''8$,   *angle* $ACD = 44°10'32'',7$
angle $ADC = 75°28'41''6$,   *angle* $BDC = 28°40'51'',3$

Fig 23

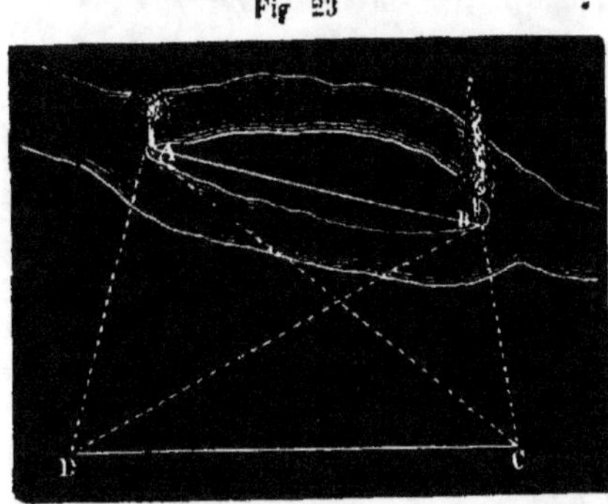

Les quatre points A, B, C, D *sont dans le même plan*(·). *On fera une vérification en calculant la distance* BD *d'abord dans le triangle* BCD, *puis dans le triangle* ABD.

Par suite de ces données, on a : angle $DBC = 180° - (83°\,11'\,27'',8 + 28°40'51'',3)$, d'où $DBC = 68°7'40'',9$; d'une autre part on a : angle $DAC = 180° - (75°28'41'',6 + 41°10'32''\ 7) = 63°20'45'',7$.

.1° *Calcul de* log BD *dans le triangle* BDC.

$$\text{Formules :}\begin{cases} BD = \dfrac{DC\ sin\ BCD}{sin\ DBC} \\ log\ BD = log\,DC + log\ sin\ BCD - log\ sin\,DBC. \end{cases}$$

$$log\ DC = log\ 394,82 = 2,5963991$$
$$log\ sin\ BCD = log\ sin\ 83°11'27'',8 = \overline{1},9969261$$
$$-log\ sin\ DBC = -log\ sin\ 68°\ 7'40'',9 = 0,0324433$$
$$log\ BD = \overline{2,6257685}$$
$$BD = 422^m,4434$$

2° *Calcul de* log AD *dans le triangle* ADC.

$$\text{Formules :}\begin{cases} AD = \dfrac{DC\ sin\ ACD}{sin\ DAC} \\ log\ AD = log\ DC + log\ sin\ ACD - log\ sin\ DAC. \end{cases}$$

(·) S'ils n'étaient pas dans le même plan, on mesurerait séparément les angles ADB, BDC, ACB, ACD (n°79).

$$\log DC = \log 394{,}82 = 2{,}5963991$$
$$\log \sin ACD = \log \sin 41^{\circ}10'32'',7 = \overline{1}{,}8184707$$
$$-\log \sin DAC = -\log \sin 63^{\circ}20'45'',7 = 0{,}0487927$$
$$\log AD = \overline{2{,}4636625}$$

3° **Calcul des angles** A *et* B *dans le triangle* ABD.

Si nous posons (n° 70) $tg\,\varphi = \dfrac{b}{a} = \dfrac{AD}{BD}$, nous aurons :

$$tg\,\frac{1}{2}(A-B) = tg(45^{\circ}-\varphi)\,tg\,\frac{1}{2}(A+B).$$

Calcul de tg φ.

FORMULE : $\log tg\,\varphi = \log AD - \log BD$

$$\log AD = 2{,}4636625$$
$$-\log BD = \overline{3}{,}3742315$$
$$\log tg\,\varphi = \overline{1}{,}8378940$$
$$\varphi = 34^{\circ}32'48'',47$$
$$45^{\circ}-\varphi = 10^{\circ}27''11'53$$

Calcul de $\frac{1}{2}(A-B)$

FORMULE : $\log tg\,\frac{1}{2}(A-B) = \log tg\,(45^{\circ}-\varphi) + \log tg\,\frac{1}{2}(A+B)$

$$\log tg\,(45^{\circ}-\varphi) = \log tg\,10^{\circ}27'11''53 = \overline{1}{,}2659830$$
$$\log \frac{1}{2}(A+B) = \log tg\,66^{\circ}36'4'',85 = 0{,}3638023$$
$$\log tg\,1/2(A-B) = \overline{1}{,}6297853$$
$$1/2(A-B) = 23^{\circ}\ 5'30'',77$$
$$1/2(A+B) = 66^{\circ}36'\ 4'',85$$
d'où (n° 69) $\quad A = \overline{80^{\circ}41'35'',62}$
$$B = 43^{\circ}30'34'',08$$

Calcul de AB

FORMULES : $\begin{cases} AB = \dfrac{AD\ \sin ADB}{\sin ABD} \\[2mm] \log AB = \log AD + \log \sin ADB - \log \sin ABD \end{cases}$

$$\log AD = 2{,}4636625$$
$$\log \sin ADB = \log \sin 46^{\circ}47'50'',3 = \overline{1}{,}8626967$$
$$-\log \sin ABD = -\log \sin 43^{\circ}30'34'',08 = 0{,}1621122$$
$$\log AB = \overline{2{,}4884644}$$
$$AB = 307^{m},9388$$

Calcul de log BD dans le triangle ABD.

$$\text{FORMULES} : \begin{cases} BD = \dfrac{AD \sin BAD}{\sin ABD} \\ \log BD = \log AD + \sin BAD - \log \sin ABD. \end{cases}$$

$$\log AD = 2{,}4636625$$
$$\log \sin BAD = \log \sin 89°44'35'',62 = \overline{1},99999938$$
$$-\log \sin ABD = -\log \sin 43°30'34'',08 = 0{,}16211122$$
$$\log BD = \overline{2{,}6257685}$$
$$\text{d'où encore } BD = 422^m,4434$$

94 Problème — *Lever le plan d'un terrain dans lequel on ne peut pénétrer.*

Fig. 21

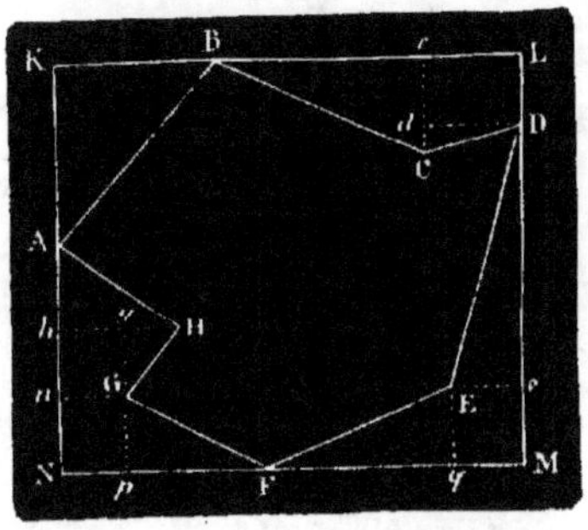

On l'entoure d'une figure connue, rectangle, ou trapèze, dont on sait trouver la surface. Quant aux figures à retrancher, elles seront, ou des rectangles, ou des triangles rectangles que l'on pourra facilement résoudre.

EXERCICES DIVERS

247. On demande la valeur de c dans un triangle ou l'on a $C = 49°51'20''$: $a = 625^m$, $b = 532^m$.

248. La surface d'un triangle est de 342865^{dmq} ; les longueurs des deux côtés sont $92^m,35$, et $103^m,57$: on demande l'angle compris entre ces côtés

Résoudre un triangle rectangle connaissant :

249. — la surface et un côté de l'angle droit.

250 — la surface et le produit ab.

251. — b et le rayon R du cercle circonscrit.

252. — les projections b', c' des deux côtés de l'angle droit sur l'hypoténuse

253. — la hauteur qui correspond à l'hypoténuse et le rapport b/c.

254. — la surface et le rapport b/c.

255. — le rayon r du cercle inscrit et le rayon R du cercle circonscrit.

Résoudre un triangle quelconque connaissant :

256. — S et les trois angles.

257. — la hauteur h, la base a et l'angle A.

258. — une hauteur, un côté et un angle

259. — une hauteur, la surface et un angle.

260. — b, c et la bissectrice de l'angle A.

261. On donne un triangle équilatéral dont la surface est 628^{mq} : quel est le côté de ce triangle ?

262. Résoudre un trapèze connaissant les quatre côtés.

263. La vue d'un observateur en pleine mer s'étend à une distance d : à quelle hauteur est-il au-dessus du niveau de la mer ? On connaît le rayon R de la terre supposée sphérique.

264.   Démontrer l'équation $tg(\frac{a}{2}+x)+tg(\frac{a}{2}-\alpha)=\dfrac{\sin a}{\cos(\frac{a}{2}+\alpha)\ \cos(\frac{a}{2}-\alpha)}$

265. On donne $a=23°57'19''$, $b=21°16'46''$: calculer à une seconde près un troisième angle x tel que $\sin x=\sin a+\sin b$.

266. Trouver l'arc inférieur à un quadrant qui satisfasse à l'équation :
   $tg\ 2\,X=3\ tg\ X$.

267. Rendre calculable par logarithmes l'expression $c\dfrac{\sqrt{b^2+c^2}}{b+c}$.

268. Trouver l'arc inférieur à un quadrant qui satisfasse à l'équation :
   $5\ tg\ x=6\ \cos x$.

269. Démontrer l'équation : $tg\ a+tg\ b=\dfrac{2\sin (a+b)}{\cos (a+b)+\cos (a-b)}$.

270. Dans l'équation $\sin x=2\cos^2 x$, trouver la valeur de l'angle x inférieur à 90°.

271. Résoudre l'équation : $tg\ x+3\ cot\ x=4$.

272. Trouver un arc inférieur à 90° pour lequel on ait : $tg\ x-cot\ x=1$.

273. Calculer l'angle x dans l'équation : $2\sin x=\sin (45°-x)$.

274. Déterminer un angle moindre que 90° qui satisfasse à l'équation
   $35217\sin x+28413\cos x=42217$.

275. Evaluer l'expression : $\dfrac{\sin 7x}{\sin x}-2\cos 2x-2\cos 4x-2\cos 6x$.

276. Démontrer l'égalité $\cos^2 a+\cos^2 b+\cos^2 c+2\cos a\cos b\cos c=1$, dans le cas où $a+b+c=180°$.

277. Vérifier l'égalité $\sin^2\frac{a}{2}+\sin^2\frac{b}{2}+\sin^2\frac{c}{2}+\sin\frac{a}{2}\sin\frac{b}{2}\sin\frac{c}{2}=1$, dans le cas où $a+b+c=180°$.

278. Trouver l'aire d'un triangle ABC en fonction de la hauteur $h=BD$ et des angles α et β qu'elle forme avec les côtés AB, BC.

279. Calculer la hauteur d'un édifice accessible, la base mesurée a 28^m, et l'angle observé $48°10'$.

280. Calculer la hauteur d'une tour inaccessible, la base mesurée a 48^m, les angles observés $44°7'$ et $122°\ 23'$.

281. Calculer, à 0,01 près, la corde d'un arc de $38°42'$, dans un cercle qui a $342^m,45$ de rayon.

282. Une corde de 15 mètres de longueur sous-tend un arc de $12°32'$: calculer, à 0,01 près, le rayon du cercle.

283. Un arc de $18°22$, est sous-tendu par une corde de 22^m de longueur : quelle est la surface du cercle en décimètres carrés ?

284. Etant donné un arc de $62°21'$ dans un cercle de 8^m de rayon : calculer a surface du triangle formé par la corde qui sous-tend cet arc et par les deux rayons qui le comprennent.

285. Le cosinus d'un angle compris entre 90° et 180° est égal à $-3/5$: calculer la valeur de son sinus.

286. Déterminer la hauteur d'une tour verticale qui donne 54^m25 c. d'ombre lorsque le soleil est élevé de $49°30'$.

287. L'angle d'élévation du sommet d'une tour verticale est égal à $43°15'$ à 72^m du pied de la tour : on demande la hauteur de la tour, l'œil de l'observateur étant à 1^m10 au-dessus du sol.

288. Un observateur se trouve à 56^m du pied d'une tour verticale de 33^m de haut : sous quel angle voit-il le sommet de la tour, l'observation ayant lieu à 1^m au-dessus du niveau du pied de la tour.

289. On a mesuré la surface d'une propriété faisant un angle de 19°30' avec le plan horizontal ; cette surface a 85 ares 44 cent. : on demande celle du plan horizontal.

290. Une tour a une circonférence extérieure de 50ᵐ : deux tangentes à cette tour partent d'un même point en formant un angle de 17°20' : on demande à quelle distance de la tour ces tangentes se coupent.

291. Une tour à 50ᵐ de circonférence extérieure; à une distance de 150ᵐ du centre de la tour, on mène deux tangentes à cette tour : quel est l'angle formé par les tangentes ?

292. Par un point donné mener une parallèle à une droite inaccessible.

293. Un objet vertical de 1ᵐ75 de haut est vu sous un angle de 1°5' : à quelle distance est-on de cet objet ?

294. La cotangente d'un angle est égale à 1°5' : trouver son sinus.

295. Donner avec 7 décimales les cosinus des angles de 28°, 64°, 98°, 176° et trouver la somme algébrique de ces cosinus.

296. Donner avec 7 décimales la tangente de 35°17'20'', et trouver dans le second quadrant un angle dont la tangente ajoutée à celle de l'angle donné fasse une somme égale à zéro.

297. La somme des sinus de deux angles inférieurs à 90° est égale à 0,8945, l'un des angles à 18°17'30'', trouver l'autre.

298. Le cosinus d'un angle compris entre 90° et 180° étant égal à —0,5216, on demande de calculer avec quatre décimales et sans faire usage des logarithmes, le cosinus de la moitié de cet angle. On vérifiera le résultat à l'aide des tables trigonométriques.

299. Connaissant le nombre $\pi=3,14159$, calculer approximativement le sinus de l'arc de 10°, et dire sur combien de chiffres décimaux on peut compter.

300. Calculer les angles d'un losange connaissant le périmètre $2\,p$ et d, l'une des diagonales.

301. Calculer en degrés, minutes et secondes la valeur de l'arc de cercle dont le rayon est 5ᵐ, on sait d'ailleurs que la surface du secteur qui correspond à cet arc est de 7ᵐ.

302. Calculer la surface du pentagone en fonction de son côté a.

303. Calculer dans un cercle O la surface d'un segment AMB dont l'arc vaut 35° et le rayon du cercle 3ᵐ.

304. Deux observateurs distants de 1875ᵐ mesurent au même moment les hauteurs d'un point remarquable d'un nuage. Ce point se trouve dans le plan vertical de la base d'observation et les angles d'élévation ont 75° et 82° : on demande la hauteur du nuage, les deux observateurs étant sur le même horizon.

305. Etant donné le rayon R d'un cercle circonscrit à un polygone régulier de n côtés, déterminer l'angle au centre O et le côté c du polygone régulier.

306. On connaît le côté a de la base d'une pyramide pentagonale régulière et l'angle dièdre α formé par la base et les triangles qui forment la surface latérale : on demande le volume de cette pyramide.

307. Un polygone régulier de 264 côtés est inscrit dans un cercle de 8ᵐ de rayon : trouver le rapport du périmètre de ce polygone au diamètre du cercle.

308. On connaît le rayon R de la base d'un cône droit et l'angle α formé par la génératrice et la base : trouver le volume du cône.

309. Dans un triangle isocèle ABC, la base est parallèle à un axe passant par le sommet A. Ce triangle fait une révolution autour de l'axe : on demande le volume engendré. On connaît l'angle A et la circonférence $2\,\pi\,$R décrite par la hauteur h.

310. Dans un cercle de 3ᵐ45 de rayon, on veut inscrire un polygone régulier de 9 côtés : calculer la longueur du côté.

311. Trouver le rayon r du cercle inscrit dans un triangle, connaissant les angles A, B, C et le périmètre $2\,p$

     NOUVEAU COURS DE TRIGONOMÉTRIE

312. Trouver le rayon R d'un cercle circonscrit à un triangle dont on connaît les trois côtés a, b, c.

313. Calculer l'aire du segment de cercle compris entre un arc de 27° et sa corde dans un cercle de 8^m de rayon.

314. L'arc AC$=28°35'$, le rayon AO$=$R$=5^m43$: trouver la surface de la zône décrite par l'arc AC tournant autour du diamètre BB'.

315. L'un des angles d'un losange circonscrit à un cercle de 68^m de rayon à $43°24'37$: calculer à 1^{cc} près la surface de ce losange.

316. Un polygone régulier de 264 côtés est inscrit dans un cercle de 8^m de rayon : trouver l'aire de ce polygone et en déduire une valeur de π.

317. L'aire de deux pentagones réguliers, l'un inscrit à un cercle et l'autre circonscrit diffère de 1^m : on demande le rayon du cercle.

318. Étant donnés les trois points A, B, C qui font partie d'un réseau trigonométrique, on a relevé le point P en mesurant les angles APB et BPC : on propose de rattacher le point P au canevas principal, en calculant les angles BAP et BCP. On donne AB$=235^m415$; BC$=198^m923$; APB$=57°30'28''$; BPC$=61°29'17''$; ABC$=118°15'29''$.

319. Dans le cercle O, la corde AB est égale à 3^m275, la corde AC qui sous-tend un arc double de l'arc AB est égale à 4^m120 : calculer au moyen des tables le rayon du cercle, à 0,001 près.

320. Quel est l'angle d'un secteur circulaire pour que le volume du secteur sphérique qu'il engendre en tournant autour de son rayon soit 1/3 de la sphère de même rayon.

321. On a un tronc de pyramide triangulaire dont les bases sont des triangles isocèles ; l'angle du sommet de ces triangles est de 45°, les côtés égaux ont pour valeur 1^m dans l'un et $1/3^m$ dans l'autre, la hauteur du tronc de pyramide est de 6^m : on demande le volume de la pyramide triangulaire formée par la petite base et le prolongement des faces latérales.

322. A quelle latitude un parallèle diviserait-il la surface d'un hémisphère en deux parties équivalentes ?

323. Calculer l'aire de la zône décrite par l'arc BD tournant autour du diamètre BB'. On connaît l'arc BD$=a$ et le rayon BO$=$R.

324. Calculer l'aire de la zône décrite par l'arc DC tournant autour du diamètre BB' perpendiculaire au diamètre AA' : l'arc AC$=24°18'$ et l'arc CD$=34°28'$, le rayon OA$=4^m35$.

325. Calculer approximativement la longueur du rayon terrestre, connaissant la hauteur h à laquelle un observateur est élevé au-dessus du niveau de la mer et l'angle α formé par le rayon visuel et l'horizontal partant du point d'observation (c'est l'angle de dépression apparente).

326. Connaissant l'angle $\alpha=15'30''$ de dépression apparente, et le rayon terrestre R$=6366198^m$, trouver la distance à laquelle peut s'étendre en pleine mer la vue d'un observateur à 75^m au-dessus du niveau de la mer.

327. Calculer l'angle que doivent former entre eux deux rayons OA et OB d'un cercle pour que le volume engendré par la révolution du secteur AOB autour du rayon AO soit 1/4 de la sphère de même rayon.

328 Les tropiques étant à $23°27'30''$ de l'équateur et chaque cercle polaire à $23°27'30''$ du pôle correspondant : on demande de calculer les aires de chacune des cinq zônes en prenant pour unité la surface de la terre qu'on supposera sphérique.

329. On donne les trois côtés d'un triangle : calculer le rayon du cercle inscrit et les rayons des cercles ex-inscrits.

330. Trouver la surface S d'un quadrilatère inscriptible en fonction de ses côtés a, b. c, d.

331. Trouver les diagonales d'un quadrilatère inscriptible en fonction des côtés a, b, c, d du quadrilatère.

332. Trouver le rayon R d'un cercle circonscrit à un quadrilatère dont on connaît les quatre côtés a, b. c. a.

RÉSUMÉ DU COURS DE TRIGONOMÉTRIE

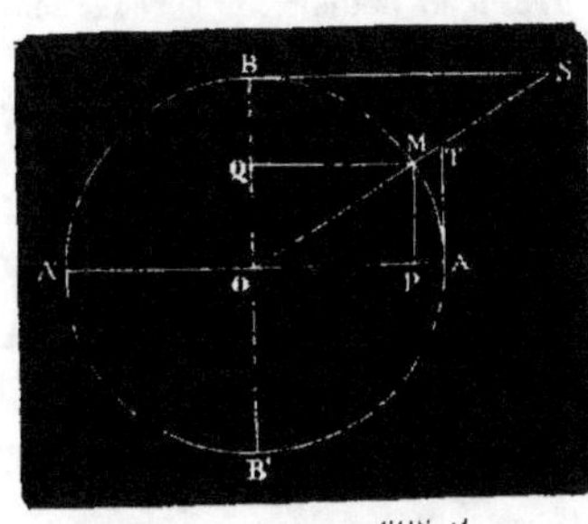

$$(1)\quad Sin^2 a + cos^2 a = 1$$

$$(1\,bis)\quad Sin^2 \tfrac{1}{2}a + cos^2 a\tfrac{1}{2} = 1$$

$$(2)\quad tg\,a = \frac{sin\ a}{cos\ a}$$

$$(3)\quad séc\,a = \frac{1}{cos\ a}$$

Pour trouver ces quatre premières relations on se base sur la similitude des triangles OMP, OAT.

$$(4)\quad cot\,a = \frac{cos\ a}{sin\ a} \qquad\qquad (5)\quad coséc\,a = \frac{1}{sin\ a}$$

Les relations (4) et (5) sont donnéespar les triangles semblables OBS, OMQ.

$$(6)\quad tg\,a \times cot\,a = 1$$

La formule (6) s'obtient en multipliant membre à membre les relations (2) et (4).

$$(7)\quad 1 + tg^2 a = séc^2 a$$

Pour avoir la relation (7), il faut diviser les deux membres de l'égalité (1) par $cos^2 a$ et avoir égard aux formules (2) et (3).

$$(8)\quad 1 + cot^2 a = coséc^2 a$$

En divisant les deux membres de la formule (1) par $sin^2 a$ et en ayant égard aux relations (4) et (5), on obtient la relation (8).

$$(9)\quad cos\,a = \pm \frac{1}{\sqrt{1 + tg^2 a}}$$

Pour obtenir la formule (9) on emploie les égalités (1) et (2). L'égalité (2) donne $tg^2 a = \frac{sin^2 a}{cos^2 a}$, ou $tg^2 a \times cos^2 a = sin^2 a$. On substitue la valeur $sin^2 a$ dans la formule (1), d'où $cos^2 a\,(1 + tg^2 a) = 1$, etc.

$$(10)\quad sin\,a = + \frac{tg\ a}{\sqrt{1 + tg^2 a}}$$

Dans l'égalité $sin^2 a = tg^2 a \times cos^2 a$, on remplace $cos^2 a$ par sa valeur prise dans la relation (9), et l'on a l'égalité (10)

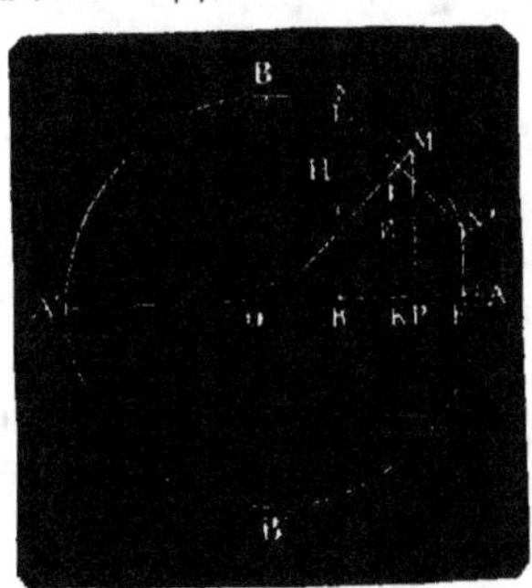

$$(11)\quad sin\,(a+b) = sin\,a\,cos\,b + cos\,a\,sin\,b$$
$$(12)\quad cos\,(a+b) = cos\,a\,cos\,b - sin\,a\,sin\,b$$
$$(13)\quad sin\,(a-b) = sin\,a\,cos\,b - cos\,a\,sin\,b$$
$$(14)\quad cos\,(a-b) = cos\,a\,cos\,b + sin\,a\,sin\,b$$
$$(11\,et\,13b)\quad sin(a\pm b) = sinacosb \pm cosasinb$$
$$(12\,et\,14b)\quad cos(a\pm b) = cosacosb \mp sinasinb$$

La similitude des triangles OMP et OIK d'un côté, celle des triangles OMP et HIN de l'autre, donne ces formules.

$$(15)\quad tg\,(a+b) = \frac{tga + tgb}{1 - tgatgb}$$

$$(16)\quad tg\,(a-b) = \frac{tg\,a - tgb}{1 + tgatgb}$$

On a formule (2) $tg(a+b)=\dfrac{\sin(a+b)}{\cos(a+b)}=\dfrac{\sin a \cos b+\cos a \sin b}{\cos a \cos b-\sin a \sin b}$. En divisant cha‑ que terme de la dernière fraction par $\cos a \cos b$, on obtient, après réductions, la rélation (15).   La formule (16) se trouve d'une manière analogue.

$$(15 \text{ et } 16 \text{ bis}) \; tg(a\pm b)=\frac{tga\pm tg\,b}{1\mp tgatgb}$$

(17) $\sin 2a = 2\sin a \cos a$

On fait $a=b$ dans l'égalité (11).

(18) $\cos 2a = \cos^2 a - \sin^2 a$

On fait $a=b$ dans la formule (12).

(91) $tg2a=\dfrac{2tga}{1-tg^2a}$

On fait $a=b$ dans la relation (15).

(20) $\cos a = \cos^2\frac{1}{2}a - \sin^2\frac{1}{2}a$

Dans la relation (18) on remplace a par $\frac{1}{2}a$.

(21) $\cos\frac{1}{2}a = \pm\sqrt{\dfrac{\cos a+1}{2}}$

On ajoute membre à membre les équations (1bis) et (20).

(22) $\sin\frac{1}{2}a = \pm\sqrt{\dfrac{1-\cos a}{2}}$

On retranche membre à membre les équations (1bis) et (20).

(23) $tg\frac{1}{2}=a\pm\sqrt{\dfrac{1-\cos a}{1+\cos a}}$

On divise la valeur de $\sin\frac{1}{2}a$ par la valeur de $\cos\frac{4}{2}a$.

(24) $\sin a = 2\sin\frac{1}{2}a\,\cos\frac{1}{2}a$

Dans la formule (17) on remplace a par $\frac{1}{2}a$.

(25) $\cos\frac{1}{2}a+\sin\frac{1}{2}a = \pm\sqrt{1+\sin a}$

On ajoute membre à membre les égalités (1 bis) et (24).

(26) $\cos\frac{1}{2}a-\sin\frac{1}{2}a = \pm\sqrt{1-\sin a}$

On retranche membre à membre les égalités (1 bis) et (24).

(27) $\cos\frac{1}{2}a = \pm\frac{1}{2}\sqrt{1+\sin a}\pm\frac{1}{2}\sqrt{1-\sin a}$

(28) $\sin\frac{1}{2}a = \pm\frac{1}{2}\sqrt{1+\sin a}\pm\frac{1}{2}\sqrt{1-\sin a}$

Les relations (27) et (28) s'obtiennent en combinant par addition et sous‑traction les formules (25) et (26).

(29) $tg\,a=\dfrac{2tg\frac{1}{2}a}{1-tg^2\frac{1}{2}a}$

(30) $tg\frac{1}{2}a=\dfrac{-1\pm\sqrt{1+tg^2a}}{tg\,a}$

Dans l'égalité (19) on remplace a par $\frac{1}{2}a$, et l'on a la relation (29).

Pour avoir la relation (30), on résoul l'égalité (29) par rapport à $tg\frac{1}{2}a$.

(31) $\sin(a+b)+\sin(a-b)=2\sin a \cos b$. (32) $\sin(a+b)-\sin(a-b)=2\cos a \sin b$

Ces deux relations s'obtiennent en ajoutant et retranchant successivement membre à membre les égalités (11) et (12).

(33) $\cos(a+b)+\cos(a-b)=2\cos a \cos b$. (34) $\cos(a-b)-\cos(a+b)=2\sin a \sin b$

On opère de même par addition et soustraction sur les formules (13) et (14), et l'on a les relations (33) et (34).

$$(35)\ \sin p + \sin q = 2\sin\tfrac{1}{2}(p+q)\cos\tfrac{1}{2}(p-q).\qquad (36)\ \sin p - \sin q = 2\cos\tfrac{1}{2}(p+q)\sin\tfrac{1}{2}(p-q)$$

$$(37)\ \cos p + \cos q = 2\cos\tfrac{1}{2}(p+q)\cos\tfrac{1}{2}(p-q).\qquad (38)\ \cos q - \cos p = 2\sin\tfrac{1}{2}(p+q)\sin\tfrac{1}{2}(p-q)$$

Ces relations viennent des quatre précédentes dans lesquelles on fait $a+b=p$ et $a-b=q$: par suite $a=\tfrac{1}{2}(p+q)$ et $b=\tfrac{1}{2}(p-q)$.

$$(39)\ \frac{\sin p + \sin q}{\sin p - \sin q} = \frac{tg\,\tfrac{1}{2}(p+q)}{tg\,\tfrac{1}{2}(p-q)}$$

On divise les égalités (35) et (36) membre à membre.

$$(40)\ tg\,p + tg\,q = \frac{\sin(p+q)}{\cos p \cos q}$$

On a $tg\,p + tg\,q = \dfrac{\sin p}{\cos p} + \dfrac{\sin q}{\cos q} = \dfrac{\sin p \cos q + \sin q \cos p}{\cos p \cos q}$. Le numérateur de cette dernière quantité se remplace par sa valeur $\sin(p+q)$, formule (11).

$$(41)\ tg\,p - tg\,q = \frac{\sin(p-q)}{\cos p \cos q}$$

$$(42)\ cot p + cot q = \frac{\sin(p+q)}{\sin p \sin q} \qquad\qquad (43)\ cot q - cot p = \frac{\sin(p-q)}{\sin p \sin q}$$

$$(44)\ cot p + tg\,q = \frac{\cos(p-q)}{\sin p \cos q} \qquad\qquad (45)\ cot p - tg\,q = \frac{\cos(p+q)}{\sin p \cos q}$$

Les relations (41), (42), (43), (44), et (45) se trouvent comme la relation (40)

$$(46)\ \sin p + \cos q = 2\sin\left(45° + \frac{p-q}{2}\right)\cos\left(\frac{p+q}{2} - 45°\right)$$

$$(47)\ \sin p - \cos q = 2\cos\left(\frac{p-q}{2} + 45°\right)\sin\left(\frac{p+q}{2} - 45°\right)$$

Pour obtenir les relations (46) et (47), on remplace $\cos q$ par $\sin(90-q)$ et 'on a égard aux formules (35) et (36).

$$(48)\ \sin a < a < tg\,a \qquad\qquad \text{Voir le Cours.}$$

$$(49)\ \lim\frac{arc\,a}{\sin a} = 1$$

Cette relation a lieu lorsque l'arc a tend vers $0°$. Voir le Cours.

$$(50)\ a - \sin a < \frac{a^3}{4} \qquad\qquad (51)\ \cos a > 1 - \frac{a^2}{2}$$

$$(52)\ \cos a < 1 - \frac{a^2}{2} + \frac{a^4}{16}$$

Voir le Cours pour les relations (50), (51) et (52).

$$(53)\ \sin(m+1)b = 2\cos b \sin m\,b - \sin(m-1)b$$

$$(54)\ \cos(m+1)b = 2\cos b \cos m\,b - \cos(m-1)b$$

On obtient ces relations en faisant, dans les formules (31) et (33), $a=mb$, ce qui donne $a+b=mb+b=(m+1)b$, et $a-b=mb-b=(m-1)b$. On fait ensuite passer dans le second membre les valeurs trouvées pour $\sin(a-b)$ et $\cos(a-b)$.

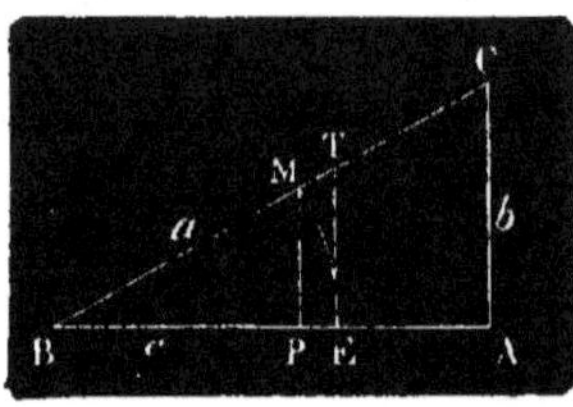

$$(55) \quad b = a \sin B = a \cos C$$

La similitude des triangles BCA, BMP donne la relation (55). On remplace $\sin B$ par $\cos C$, parce que ce sont des quantités égales.

$$(56) \quad b = c \, tg \, B = c \, cot \, C$$

La formule (56) est donnée par les triangles semblables BAC, BET.

$$(57) \quad \frac{a}{\sin A} = \frac{b}{\sin B} = \frac{c}{\sin C}$$

La relation (57) est donnée par les triangles rectangles ABD, BDC, ABD'.

$$(58) \quad a^2 = b^2 + c^2 - 2bc \cos A$$

$$(59) \quad b^2 = a^2 + c^2 - 2ac \cos B$$

$$(60) \quad c^2 = a^2 + b^2 - 2ab \cos C$$

Ces formules sont données par la géométrie n° 233 et par la trigonométrie n° 48.

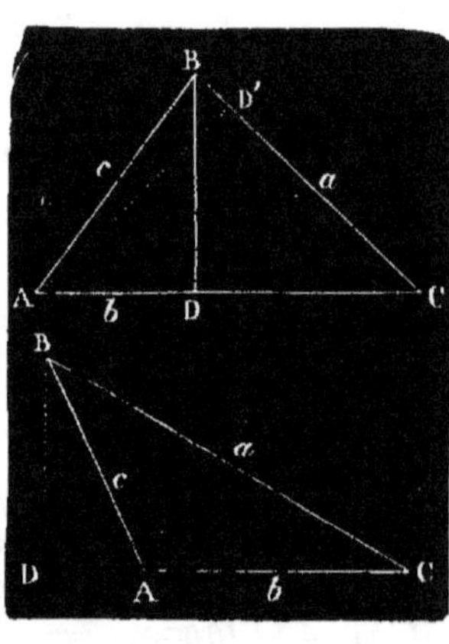

RÉSOLUTION DES TRIANGLES RECTANGLES

1er Cas. On donne a, B : calculer C, b, c, S.

1° $C = 90° - B$;   2° $b = a \sin B$ 3° $c = a \cos B$:

b et c sont donnés par la formule (55).

4° $S = 1/2 \, a^2 \sin B \cos B$:

car dans tout triangle rectangle $S = \frac{1}{2} bc = \frac{1}{2} \times a \sin B \times a \cos B = \frac{1}{2} a^2 \sin B \cos B$

Vérifications : $tg \, C = \dfrac{c}{b}$; $S = \dfrac{1}{2} bc$

Pour vérifier les calculs, on prend pour inconnue une des données de la question, ou on détermine la même inconnue par deux procédés différents, etc.

2e Cas. On donne a, b : calculer c, B, C, S.

1° $c^2 = a^2 - b^2 = (a+b)(a-b)$;   2° $b = a \cos C$: d'où $C = b/a$,

3° $B = 90° - C$;   4° $S = \dfrac{1}{2} ab \cos B$: car $S = \dfrac{1}{2} bc = \dfrac{1}{2} b \times a \cos B$,

puisque $c = a \cos B$.

Vérifications : $a = \dfrac{c}{\cos B}$; $S = \dfrac{1}{2} bc$

3e Cas. On donne b, B : calculer $C, a, c, S.$

$$1° \ C = 90° - B ; \quad 2° \ a = \frac{b}{\sin B} \quad\quad 3° \ c = b \cot B ; \quad 4° \ S = \frac{1}{2} b^2 \cot B :$$

car $S = \frac{1}{2} bc = \frac{1}{2} b^2 \cot B$, puisque $c = b \cot B$.

$$\text{Vérifications} \ : \ a = \frac{c}{\sin C} ; \ S = \frac{1}{2} bc$$

4e Cas. On donne b, c : calculer $B, C, a, S.$

$$1° \ tg\,B = \frac{b}{c} ; \quad 2° \ tg\,C = \frac{c}{b} \quad\quad 3° \ a = \frac{b}{\sin B} ; \quad 4° \ S = \frac{1}{2} bc$$

$$\text{Vérifications} : \ c = a \sin C ; \ S = 1/2\,a^2 \sin B \cos B$$

RÉSOLUTION DES TRIANGLES QUELCONQUES

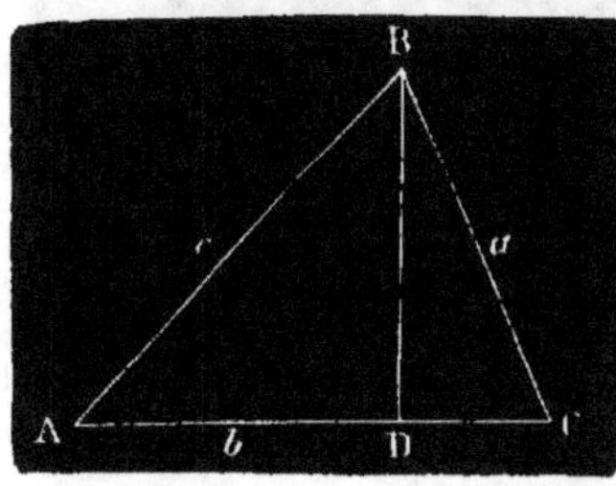

$$S = \frac{1}{2} b\, c \sin A$$

La surface d'un triangle est égale à la moitié du produit de deux côtés quelconques multipliée par le sinus de l'angle compris entre ces côtés.

$S = \frac{1}{2} b \times BD$; mais $BD = c \sin A$:

donc $\quad S = \frac{1}{2} bc \sin A.$

1er Cas. On donne a, B, C : calculer $A, b, c, S.$

$$1° \ A = 180° - (B+C); \quad 2° \ b = \frac{a \sin B}{\sin A}; \quad 3° \ c = \frac{a \sin C}{\sin A};$$

$$4° \ S = \frac{1}{2} a^2 \frac{\sin B \sin C}{\sin A}.$$

Pour avoir cette expression de S, on substitue dans la formule $S = \frac{1}{2} bc \sin A$ les valeurs de b et de c.

$$\text{Vérifications} : \ tg\,\frac{1}{2}(A-B) = \frac{(a-b)\,tg\,\frac{1}{2}(A+B)}{a+b} ; \quad S = \frac{1}{2} ab \sin C$$

2e Cas. On donne a, b, C : calculer $A, B, c, S.$

$$1° \text{ et } 2° \ tg\,\frac{1}{2}(A-B) = \frac{(a-b)\,tg\,\frac{1}{2}(A+B)}{a+b} ; \quad 3° \ c = \frac{a \sin C}{\sin A} ; \quad 4° \ S = \frac{1}{2} ab \sin C$$

On a : $\dfrac{a}{b}=\dfrac{sin\,A}{sin\,B}$ ce qui donne : $\dfrac{a+b}{a-b}=\dfrac{sin\,A+sin\,B}{sin\,A-sin\,B}=\dfrac{tg\frac{1}{2}(A+B)}{tg\frac{1}{2}(A-B)}$

d'où $tg\frac{1}{2}(A-B)=\dfrac{(a-b)tg\frac{1}{2}(A+B)}{a+b}$.   On connaît $\frac{1}{2}(A+B)$ et cette équation

donne $\frac{1}{2}(A-B)$.   D'où $\frac{1}{2}(A+B)+\frac{1}{2}(A-B)=A$ et $\frac{1}{2}(A+B)-\frac{1}{2}(A-B)=B$.

Pour avoir S, on substitue la valeur de c dans l'équation $S=\frac{1}{2}bc\,sin\,A$.

Vérifications : $a=\dfrac{c\,sin A}{sin C}$; $S=\dfrac{1}{2}\dfrac{a^2 sin B sin C}{sin A}$

3e Cas.   On donne a,b,A : calculer B,C,c,S.

$1^\circ\ sin\,B=\dfrac{b\,sin A}{a}$;

$2^\circ\ C=180^\circ-(A+B)$

$3^\circ\ c=\dfrac{a\,sin C}{sin A}$; $4^\circ S=\dfrac{1}{2}ab\,sin C$.

Cette solution donne lieu à une discussion.

1° Si l'on a A$=90^\circ$ ou A$>90^\circ$ on devra
avoir $a>b$ pour que le triangle soit possible. Une solution.

2° Si l'on a A$<90^\circ$, mais $a>b$, il
n'y a encore qu'une solution.

3° Si l'on a A$<90^\circ$ et $a<b$, il y a
deux solutions, si a est plus grand que la perpendiculaire CD, une solution, si
$a=$CD, et enfin il n'y a pas de solution si l'on a $a<$CD.

Vérifications : $tg\frac{1}{2}(A-B)=\dfrac{(a-b)\,tg\frac{1}{2}(A+B)}{a+b}$; $S=\dfrac{1}{2}\dfrac{a^2 sin B sin C}{sin A}$

4e Cas.   On donne a,b,c : calculer A,B,C et S

$1^\circ\ tg\frac{1}{2}A=\sqrt{\dfrac{(p-b)(p-c)}{p\,(p-a)}}$ $2^\circ\ tg\frac{1}{2}=B\sqrt{\dfrac{(p-a)(p-c)}{p\,(p-c)}}$

$3^\circ\ tg\frac{1}{2}C=\sqrt{\dfrac{(p-c)\,(p-b)}{p\,(p-c)}}$

On a formule (58) $a^2=b^2+c^2-2bc\,cos\,A$, d'où l'on tire successivement

$$cos\,A=\dfrac{b^2+c^2-a^2}{2\,bc}$$

$1+cos\,A=1+\dfrac{b^2+c^2-a^2}{2bc}=\dfrac{2bc+b^2+c^2-a^2}{2bc}=(n^\circ 24)\ 2cos^2\frac{1}{2}A=\dfrac{(b+c^2-a^2}{2bc}$,

d'où $cos^2\frac{1}{2}A=\dfrac{(b+c+a)\,(b+c-a)}{4bc}$,

Faisant $a+b+c=2p$, on a $\cos^2\frac{1}{2}A=\dfrac{2p\times 2p-a}{4bc}$: d'où $\cos\frac{1}{2}A=\sqrt{\dfrac{p(p-a)}{bc}}$

Par analogie $\cos\frac{1}{2}B=\sqrt{\dfrac{p(p-b)}{ac}}$; $\cos\frac{1}{2}C=\sqrt{\dfrac{p(p-c)}{ab}}$

De $\cos A=\dfrac{b^2+c^2-a^2}{2bc}$, on tire $1-\cos A=1-\dfrac{b^2+c^2-a^2}{2bc}$.

Si l'on procède comme plus haut, et qu'on remplace $1-\cos A$ par sa valeur $2\sin^2\frac{1}{2}A$ trouvée au n° 24, il vient : $\sin\frac{1}{2}A=\sqrt{\dfrac{(p-b)(p-c)}{bc}}$

Par analogie $\sin\frac{1}{2}B=\sqrt{\dfrac{(p-a)(p-c)}{ac}}$ $\sin\frac{1}{2}C=\sqrt{\dfrac{(p-a)(p-b)}{ab}}$.

On a donc $\tan\frac{1}{2}A=\dfrac{\sin\frac{1}{2}A}{\cos\frac{1}{2}A}=\sqrt{\dfrac{(p-b)(p-c)}{p(p-a)}}$

Par analogie $\tan\frac{1}{2}B=\sqrt{\dfrac{(p-a)(p-c)}{p(p-b)}}$; $\tan\frac{1}{2}C=\sqrt{\dfrac{(p-a)(p-b)}{p(p-c)}}$

$$4°\quad S=\sqrt{p(p-a)(p-b)(p-c)}$$

Pour obtenir la valeur de S, on pose $S=\frac{1}{2}ab\sin C$

Or, formule (24) $\sin C=2\sin\frac{1}{2}C\cos\frac{1}{2}C$. On a donc $S=ab\,\sin\frac{1}{2}C\cos\frac{1}{2}C$

Substituant les valeurs de $\sin\frac{1}{2}C$ et de $\cos\frac{1}{2}C$, il vient

$$S=ab\sqrt{\dfrac{(p-a)(p-b)}{ab}}\times\sqrt{\dfrac{p(p-c)}{ab}}\quad S=ab\sqrt{\dfrac{p(p-a)(p-b)(p-c)}{a^2b^2}}$$

$$S=\sqrt{p(p-a)(p-b)(p-c)}$$

Vérifications : $\quad A+B+C=180°$; $\quad S=\frac{1}{2}ab\sin C$.

TABLE DES MATIÈRES

Paris. — Imp. E. CAPIOMONT et V. RENAULT, rue des Poitevins, 6.

9 782329 730752